与最聪明的人共同进化

HERE COMES EVERYBODY

湛庐 CHEERS

CHEERS
湛庐

易鹏 著

新大航海时代

天津出版传媒集团

天津科学技术出版社

上架指导：管理 / 商业趋势

图书在版编目（CIP）数据

新大航海时代 / 易鹏著 . — 天津：天津科学技术
出版社 , 2024.7
ISBN 978-7-5742-2193-2

Ⅰ.①新… Ⅱ.①易… Ⅲ.①科学技术—普及读物
Ⅳ.① N49

中国版本图书馆 CIP 数据核字 (2024) 第 112137 号

新大航海时代
XIN DAHANGHAI SHIDAI
责任编辑：吴文博
责任印制：兰　毅

出　　版：天津出版传媒集团
　　　　　天津科学技术出版社

地　　址：天津市西康路 35 号
邮　　编：300051
电　　话：（022）23332377（编辑部）
网　　址：www.tjkjcbs.com.cn
发　　行：新华书店经销
印　　刷：石家庄继文印刷有限公司

开本 710×965　1/16　印张 15　字数 170 000
2024年7月第1版第1次印刷
定价：79.90元

测一测

新大航海时代有哪些变与不变?

扫码加入书架
领取阅读激励

扫码获取
全部测试题及答案,
一起迎接新大航海时代的
机遇与挑战

- 以下哪种能源是全球能源发展的前沿,被视为未来社会的"终极能源"?(单选题)

  A. 太阳能

  B. 生物质能

  C. 核裂变能

  D. 核聚变能

- 以下哪项新兴领域是实现天地融合、万物互联的关键,还是6G网络的重要组成部分?(单选题)

  A. 物联网

  B. 车联网

  C. 卫星互联网

  D. 工业互联网

- 以下哪个岗位很难被人工智能取代?(单选题)

  A. 数据录入员

  B. AI工程师

  C. 客服代表

  D. 银行柜员

扫描左侧二维码查看本书更多测试题

开辟新航路，迎来新纪元

张宏江
美国国家工程院外籍院士
盘古智库学术委员会委员

在这个信息爆炸、技术革新日新月异的新时代，我们站在了人类文明发展的又一个重要转折点。正如历史上的大航海时代，勇敢的探险家们开辟了连接世界的新航路，今天我们也正迎来一个全新的探索纪元——新大航海时代。在这个时代，人工智能、物联网、区块链和生物技术等前沿科技正引领我们驶向知识的未知领域，探索着商业、社会乃至整个人类文明的新边疆。

《新大航海时代》这本书，正是在这样的背景下应运而生。它不仅是一部反思人类探索历程的思想读物，更是一份引导我们面向未来新时代的航海图。本书从多维视角审视过去、深析当下、展望未来，为我们提供了一个全面而深刻的思考框架。

　　本书深入探讨了新大航海时代下技术链、价值链、产业链的演变，社会组织的重构，以及数字时代交互链接的构建。生物技术的大发展，带来了伦理的新挑战，我们应该重新审视生物技术引发的伦理问题；生态文明是人类社会发展的未来形态，我们应当做好能源结构的革命转型，推动新时代能源系统高质量发展。太空探索与星际远征，我们开辟了新大航海时代探险的新"航路"；云技术、物联网、区块链、GPT，数字技术与人工智能赋能新质生产力，推动了新大航海时代的创新迭代。

　　我深信，大航海精神的核心——敢于幻想、勇于探索、不断创新、开放包容和互惠共享——正是我们今天所亟需的。在人工智能领域，这种精神尤为重要。正如我曾提到的，大模型技术的发展，正是我们这个时代大航海精神的体现。它们不仅仅是算法的突破，更是系统能力的涌现，它们正在重塑我们的世界，推动着人类社会的进步。

　　我相信通过这本书，读者能够认识到，无论时代如何变迁，探索与创新始终是人类发展的不竭动力。让我们携手并进，在新大航海时代中，共同开辟科技探索与智慧共享的前进道路，为实现世界永续发展贡献力量。

坚持大航海精神，
谋求世界永续发展

人类历史上的大航海时代

15 世纪末到 16 世纪初，欧洲人开辟了横渡大西洋到达美洲、绕道非洲南端到达印度的新航线，并成功完成了环球航行。这一系列航海活动开创了大航海时代，又被称为"地理大发现"。

站在西方世界的视角，大航海时代指的是从 15 世纪末开始，由欧洲航海家开启的从欧洲驶向世界的远洋征途，其中最具代表性的航海家有达·伽马（约 1460—1524 年）、克里斯托弗·哥伦布（约 1451—1506 年）以及费尔南多·麦哲伦（约 1480—1521 年）。

同期，中国在大航海时代有着更为骄傲的历史。1405—1433 年，中国明代航海家郑和在明成祖朱棣的支持下，率领船队七下西洋，远航西太平洋和印度洋，最远抵至东非和红海。

大航海时代是人类文明进程中最重要的历史进程之一，它在地理上链接起了全球商业，一方面拓展了人们对世界的认知方式和范围，另一方面也改变了世界已有的规则及其作用方式，至今影响深远。

人类当下的新大航海时代

当今世界，我们正在迎接物联网下的人工智能新时代，它以超越想象的速度，链接全新商业生态，带来指数级增长的商机，我们称其为"新大航海时代"。

我们重新思考时空概念，重构社会组织形态，构造数字时代的交互链接，审视生物技术的伦理外溢，推动能源结构的绿色低碳转型。

我们坚守创新迭代的新大航海精神，勇于开启星际远征与太空探索，构建云时代下的万物互联，打造区块链下的社会网络，开创 GPT 下的人工智能。

反思大航海时代的开拓精神与合作竞争，人类社会正在重塑大航海时代下的人性、制度、财富、欲求、勇气，继续共同开辟科技探索与智慧共享的前进道路。

　　本书作为思想读物，通过多维视角，恪守专业文风，以人类探索变迁为逻辑主线，回顾历史、审视当下、畅想未来。

　　我们立足新大航海时代，秉持开放包容、互惠共享的发展观、价值观，面对人类社会的生存挑战和美好愿景，谋求世界永续发展。

第 9 章　GPT，人工智能发展历程中的重要里程碑　129

第三部分　新大航海时代的变与不变

第 10 章　人性：新大航海时代的永恒基点　　147

Navigating
the New Era of
Discovery

第一部分

人类脚下的
新大航海时代

新大航海时代下，我们对当代世界和人类
进步的认识和思考。

Navigating the
New Era of
Discovery

第 1 章

技术链、价值链、产业链，
重新思考时空概念

时空思维方式的 4 次演变

时空观念是指在特定的时间联系和空间联系中对事物进行观察、分析的意识和思维方式。人类的时空思维方式是以人类实践活动为基本内容，并参与形成和建构社会的生产结构、制度结构和观念结构。时空的实践本性使其与人类的实践活动、生存方式紧密相连。纵观人类发展史，时空思维方式经历了数次革命和演进。

第一次时空观革命

第一次时空观革命由牛顿开创，牛顿的时空观是一种绝对时空观。时间、空间不仅是分离的、不相关的，而且是绝对均匀和绝对刚性的，时间和空间都可以脱离物质而独立存在，不受物质运动的影响，这体现了其客观存在性。牛顿的绝对时空观是 17 世纪初至 19 世纪末这 300 年中最先进的时空观，是目前仍旧被人类接受且最容易理解的一种时空概念，也是人类大航海时代对时空概念的普遍认知。

第二次时空观革命

第二次时空观革命由爱因斯坦开创，爱因斯坦的时空观是一种相对时空观。时间、空间、物体质量、物体能量、物体运动速度等不仅是不可分割的、相互制约的，而且时间和空间都是不均匀的、不同性的、弹性可变的。爱因斯坦的相对论突破了牛顿时代的绝对时间观，强调了时间和空间的一体性和膨胀效应。爱因斯坦的广义相对论时空观是目前久经科学实验检验的、最好的宇宙大尺度时空观。虽然爱因斯坦的相对时空观被普遍接受，但不得不承认牛顿的绝对时空观非常符合人类的实际生活经验，也符合宏观、低速条件下的物理学理论体系，而且相对时空观也是在绝对时空观的思想基础上发展起来的。

第三次时空观革命

第三次时空观革命由量子力学科学家们共同开创，具体表现为量子力学的量子态时空观、量子纠缠时空观、希尔伯特时空观。第三次时空观革命的特征是，量子态时空的空间位置具有不确定性，是不可准确测量的。量子态内部时空理论强调，时空是一种物质、能量、信息量子、量子比特、量子状态、叠加态、纠缠态、人工生命态、人工智能态、人工灵魂态和人工意识态。

第三次时空观革命开辟了一个人类能够操纵分子、原子、电子、光子、量子纠缠态的量子操控技术时代。

第四次时空观革命

今天，人类根据当前的人工智能、大数据、机器深度学习、数字虚拟现实、人工数字生命、人工数字灵魂、人工数字元神、量子隐形传态、人工意识上传、人类数字永生等新科学技术大爆炸的情景，创造性地提出了第四次时空观革命，即"人造时间、人造空间、人造时空、人造宇宙"的数字虚拟时空。

第一次、第二次时空观革命都是时空观的一阶革命，人们只能在传统时空观中认识时空范畴的历史本质，只能在现实物理时空中存在、运动、发展。第四次时空观革命是时空观的二阶革命，人们不仅可以跳出现实时空，认识时空的物理本质，还可以让时空成为一种可生产、可买卖、可消费的数字化商品。

前两次时空观革命，主要是基于对时间和空间的现实认知的变化、更新和迭代，是对于时空认知的解释和对未知世界探索的思维方式。如果说牛顿的绝对时空观、爱因斯坦的相对时空观是一种经典时空观、传统时空观、日常时空观的话，那么量子态时空观、量子纠缠时空观、数字虚拟时空观就是一种非经典时空观、非传统时空观、新奇异时空观。

第三次、第四次时空观革命，更多的是基于科技进步与人类对时空概念认知的一次革命性升华，通过现实与虚拟平行时空思维，实现了人

类对空间概念理解与时间跨度感知的演进。而相对于第三次时空概念演进，第四次时空观革命则是一次真正颠覆性的物理学时空观革命。

在新全球化时代，随着人类实践活动在空间上的不断拓展，各国相互联系、相互依存的程度空前加深，我们生活在历史和现实交汇的同一个时空里，需要在全面审视当今人类实践重大变化和科学把握时代发展趋势的基础上构建新型的时空理念，展现全球时空的新景观。

基于价值链、技术链、产业链的新时空概念

当前世界正在经历百年未有之大变局，人类社会面临大发展、大变革、大调整。时空概念的不断演化使世界范围内的社会关系被重新定义，人类的交往比过去任何时候都更全面、更深入、更广泛，这就需要我们从时空观的变革中思考并定位人类社会的发展，从中汲取智慧、走向未来。

在全球化重塑、数字化转型、网络化协同、智能化升级、体系化集成等背景下，探讨基于价值链、技术链、产业链的时空概念，有助于人类在新大航海时代，对世界时空重塑进行深度思考。

全球价值链重塑对时空发展理念的影响

全球价值链的重塑影响着人类对时空观念的理解，当今国际社会的价值链演进正在经历 3 大考验：一是伴随全球贸易保护主义的兴起，全球主要经济体之间的贸易制裁导致垂直化的分工协作模式开始瓦解；二是公共卫生事件导致价值链上的生产供应环节出现全球性的中断与重建；三是乌克兰危机造成全球价值链上的供应瓶颈恢复速度放缓。因此，进一步向区域化、独立化和数字化方向迈进，以及价值链的安全性（或韧性）将被全球主要经济体视为衡量价值链竞争优势的最核心要素。

一是基础设施建设将围绕价值链的区域化、独立化和数字化积极展开。中、美、欧 3 大经济体将积极与周边邻国或地缘同盟进行更深度的区域性基建合作。美国与欧洲各国会在价值链上的供应和运输环节加快数据共享和基础设施合作；中国则继续通过"一带一路"倡议与非洲国家、南美洲国家及俄罗斯等新兴市场国家和发展中国家就强化中高端技术、粮食供应和能源安全达成相关合作。

二是针对价值链中上游核心技术数据的保密和安全措施将越来越精细，价值链高端针对全球人才的争夺已经开启。中、美、欧均致力于提高对外数据保密性和对内信息透明度；主要经济体之间已经围绕人工智能、大数据、通信、装备制造和供应链开启全球"抢人"模式。

三是随着区域性价值链的重塑，企业的回流和产业转移将更频繁。

越来越多的公司因为全球价值链结构的变化而出现更快速的转移和重组：一方面，面对更多的地缘政治不确定性，全球主要经济体为了保障自身供应链安全会通过政治手段加快企业的回流；另一方面，企业自身也在不断提高其供应链的韧性和产业转移能力。

技术链赋能时空变革演进

纵观人类对时空概念理解的演进，无不伴随着科技创新与革命。人类对未来时空概念的重新思考也必然与多种现代技术的集成系统，即技术链密不可分。尤其是人类已进入大数据时代，以时空信息技术为支撑的数字化发展已成为时代的潮流，复杂时空场景的大数据分析有助于人类在新大航海时代对时空概念进行再定义，其中时空基准和空间基准是技术链赋能之下重新思考时空概念的前提和基础。

时空基准是包含地理空间的几何信息和时空分布信息的地球三维立体模型，以数据的形式表示各种地理要素在真实世界的空间位置及其时变的参考基准。中国自主建设的北斗卫星导航系统是统一时空基准建设的重要依托，因此，建立以自有卫星导航为核心的新一代天地一体、无缝覆盖的时空基准是时空大数据技术的核心关键。

北斗卫星导航系统作为现阶段授时精度最高、应用前景最广泛的授时手段，可实现标准时间大范围、高精度、全天候的播发，满足时空大数据应用过程中对统一时间基准的需求。

时空基准建设是政治大国、经济强国和军事强国的重要基础建设和核心标志。加强时空基准建设，确保领土、领海、领空安全，强化空天地海一体的时空基准保障也是主权国家新时空观的具体实践。

基于时空大数据产业链的多维协同

时空数据是兼具时间和空间属性的数据，包含了时间、空间、专题属性等三维信息。在现实生活中，80% 的数据都直接或间接具备时空属性。时空数据在数据量具备一定规模时，即可被定义为时空大数据。

作为人工智能（AI）的新型应用技术，基于时空大数据的时空 AI 具有 3 大技术特点。

数据扩展：数据时空化

数据时空化可以实现对汇聚获取的各类数据等添加时空标识，即时间、空间和属性"三域"标识。时间标识注记该数据的时效性，空间标识注记空间特性，属性标识注记隶属的领域、行业、主题等内容，这些标识便于后续的数据整理。

模型增强：AI+ 时空算法

从数据汇集到数据时空化再到数据融合，将 AI+ 时空算法加入动态监测、异常评估中，以发现数据的时空规律并进行辅助决策。

场景细化：可感知、可建模、可预测、可解释、可决策

在静态建模基础上，我们可以通过叠加多维实时动态数据和 AI 分析数据，支持以生命体、有机体的视角对最小治理单元进行感知和管理，并构建系统化的数字生命体征，实现城市运行管理的实时预判、实时发现和实时处置。

时空人工智能成为人类重新思考时空概念的驱动力，主要提供了以下几个方面的变革。

- **可感知**

  时空人工智能能够构建时空数据采集体系，形成可感知的时空大数据体系。时空人工智能针对不同的社会化数据源，面向任务需求，整合相关社会化数据，如城市人群数据、产业经济数据等。

- **可建模**

  时空人工智能能够根据实际的应用需求，构建数据挖掘工具、人工算法平台。时空数据挖掘工具系统建立在数据挖掘的各个环节中，支撑时空数据引擎算法的产出。时空人工智能基于时空数据模型，形成了可分析、可挖掘、可推理的分析方法。

- **可预测**

  时空人工智能预测的核心在于高效的机器学习与深度学习算法，时空人工智能能够根据时空历史数据预测其未来观测值。深度学习模型在时空域上具有强大的自动学习能力，被广泛地应用于各类时空数据预测建模任务中。对于不同的应用，输入和输出变量可以属于不同类型的时空数据实例，包括点数据、时间序列数据、空间地图数据和轨迹数据等，并可以根据数据类型特点采取适用的深度学习模型或进行组合建模，以实现对未来场景的预测。

- **可解释**

  时空人工智能能够结合知识图谱技术有效弥补传统领域技术解决方案缺乏时空化管理的不足，而传统地理信息系统（GIS）和城市信息模型（CIM）平台缺乏领域数据的深度挖掘和关联，单纯依赖机器学习和深度学习的传统人工智能平台，存在解释性差、可扩展性低的问题。

- **可决策**

  时空人工智能能够根据数据关联及决策管理需求，建立丰富的业务应用场景智能分析模型，用时空人工智能的决策能力来赋能城市运行，为管理决策者提供科学、可靠、智能化的服务支撑，实现从"数据智能"迈向知识驱动的"决策智能"。

元宇宙，为人类开辟虚拟现实的平行时空

　　人类对于时空概念的认识总体上随着现实社会的文明、科技、社会的变迁和演进而逐步加深。由于科技的进步、空间的互联和时空的变迁，由最初大航海时代依赖现实的物理互联，向更加多元、更强交互的"现实＋虚拟"升级，即时间维度上真实而空间维度上虚拟的时空互联，这就是元宇宙（Metaverse）概念 ① 提出的时代基础。2021 年被称为元宇宙元年。元宇宙作为人类前沿科技领域的一个新生事物，目前不仅在概念界定上存在不少争论，人们对其前世今生的发展嬗变和关键特征也有诸多不同看法。

　　Metaverse 一词最早源自尼尔·斯蒂芬森（Neal Stephenson）② 于 1992 年发表的科幻小说《雪崩》（*Snow Crash*），最开始用于描述一个基于虚拟现实的互联网世界。小说描绘了一个庞大的虚拟现实世界，人们可以用数字化身来活动交往，并通过竞争提高自己的地位。如今看来，小说描述的还是超前的未来世界。《牛津英语词典》将元宇宙定义为"一个虚拟现实空间，用户可在其中与电脑生成的环境和其他人交互"。维基

---

① 什么是元宇宙？元宇宙什么时候会到来？如何真正构建元宇宙？元宇宙将如何全面改变我们的工作、生活与思维方式？元宇宙商业之父马修·鲍尔（Matthew Ball）在《元宇宙改变一切》一书中回答了关于元宇宙的终极问题。该书已由湛庐引入，浙江教育出版社出版。——编者注

② 科幻作家，被誉为"元宇宙之父"。其系列作品"科幻四部曲"*Fall*、*Termination Shock*、*Zodiac*、*Reamde* 将由湛庐策划推出。——编者注

百科则将元宇宙定义为"通过虚拟现实的物理现实，呈现收敛性和物理持久性特征，是基于未来互联网的具有连接感知和共享特征的 3D 虚拟空间"。总之，元宇宙概念的提出为人类在新大航海时代下时空概念的探索开辟了另一个崭新的领域。

元宇宙的代表性特征也预示了未来新时空观的方向。

沉浸式体验，元宇宙最典型的标签

如果给元宇宙贴一个最典型的标签，那无疑是参与和沉浸式体验。一方面，用户可以通过增强现实（AR）、虚拟现实（VR）和混合现实（MR）等技术享受元宇宙无处不在的沉浸式体验，并且，元宇宙将互联网的 2D 平面式体验提升至 3D、4D 甚至更高的层级，除了应用于游戏、社交等娱乐场景，还将逐渐扩展到各种线上线下一体化的应用场景中。

另一方面，元宇宙是一个能够完整运行的、跨越现实和虚拟的、始终实时在线的世界，人类可以不受空间限制同时参与其中，并且能够连接互通。

去中心化，构建元宇宙的关键手段

元宇宙必须借助区块链等去中心化手段，来形成全新的数字资产、智能资产的获取和分配方式。元宇宙强调去中心化，即避免出现大的中心节点而影响普通参与者的权益。目前市场中有许多被质疑蹭热点的"伪元宇宙"项目以及炒作元宇宙概念的人，正因为有这些模糊概念的存在，许多人误以为我们现在所处的网络世界就是元宇宙。因此，我们需要擦亮眼睛，认识到元宇宙一定是在去中心化的基础上构建的，开源、上链、隐私3个要素缺一不可。

隐私性，基于区块链技术的隐私保护和监管

元宇宙强调隐私性，以加密货币为基础的经济系统也是元宇宙的重要构成要素。元宇宙基于区块链技术，承载了区块链的特征之一，即分布式账本。区块链、隐私计算和分布式身份等是元宇宙隐私保护的技术基础。除了技术，监管也是保护隐私必不可少的路径，分布式技术和自发治理将有助于元宇宙有效实现隐私保护和监管。

开放性，增强用户的自我认同和趣味性

构成元宇宙的系统强调了开放性，既要做到对用户的开放，让世界各地的用户可以随时随地自由进出，还要做到对不同领域全方位的开放。开放的虚拟形象设计可以让用户追求更强的自我认同，不同的数字化身也能够增添社交的趣味性。

元宇宙在虚拟世界展开人们的想象空间，把现实的三维空间变成四维世界。元宇宙是个大概念，可以充分发挥人类的想象空间，把现实世界与虚拟世界链接起来，把过去、现在和将来链接起来，把该发生、未发生、要发生的事情链接起来，让各种人、事、物，都能实现可视化表达，实现运筹帷幄、有备无患。

Navigating the
New Era of
Discovery

第 2 章

**重构社会组织发展理念，
在新时代发挥其应有的作用**

随着以互联网为主要标识的新大航海时代的来临，社会组织开始进入新的发展阶段。但是，由于其内部主体和外部环境等都发生了一定的变化，所以其发展理念也要做出相应调整甚至重构，这样才能适应新的时代要求，才能继续发挥应有的作用。

新大航海时代，社会组织的 3 个重要作用

国家治理体系的重要组成部分

国家治理体系需要必要的政府、企业和家庭，也需要一定的社会团体、基金会和社会服务机构等社会组织，并且这些社会组织要在提供公共产品、化解社会矛盾和担当桥梁纽带等方面发挥不可替代的重要作用，这样才能有效弥补政府、企业和家庭等发挥作用的不足。可以说，既没有不包含社会组织的国家治理体系，也没有不存在于国家治理体系内的社会组织，即使是在新大航海时代，也是如此。美国学者莱斯特·M. 萨拉蒙（Lester M. Salamon）对 41 个国家的社会组织进行综合分

析后发现，各国的社会组织在经济总量上已达到各国 GDP 的 4.6%，提供的就业人口数占 41 个国家非农就业人口总数的 5% 左右、第三产业就业人口数的 10%，约为公共部门就业人口数的 27%。

促进社会和谐稳定的重要帮手

稳定是发展的前提，更是发展的保障，而发展又是破解各国一切矛盾和问题的主要抓手，所以在新大航海时代加快推进经济社会发展，必须继续完善精细化社会治理，不断维护社会和谐稳定的良好局面。在这个过程中，既需要党和政府继续承担应有的政治责任、领导责任和组织责任等，也需要很多社会组织及时承担应有的组织责任、团结责任和协调责任等，并要围绕时代主题、目标和自身职责等，积极发挥团结、协调、组织等重要作用。只有社会组织逐步进入必要的公共治理领域，逐渐承担各项公共服务职能，基层政府才能真正"瘦身"和减负。

化解经济社会问题的重要抓手

任何社会都要化解经济社会问题，新大航海时代也不例外。而要化解经济社会问题，就必须及时寻找有效抓手，可以是"发展"这一主要抓手，也可以是"社会组织"这一重要抓手。特别是在间接提供公共服务方面，社会组织可以创新公共服务提供方式。例如，通过政府购买的方式，社会组织与政府联合或社会组织独立提供公共服务，与政府直接提供的公共服务互相补充，有助于形成更为健全科学的公共服务体系，促进社会效益最大化。

影响社会组织发展理念形成的 4 个主要因素

任何社会组织的存在和发展都受制于特定的时间、空间、主体、目标和手段等因素，所以其发展理念的基本形成也受制于这些因素，当然社会组织的新大航海时代发展理念的基本形成也受制于这些因素。结合各国的独特现实和新大航海时代的基本特点，可以总结出影响社会组织发展理念形成的主要因素包括以下 4 个方面。

政党政治

坚持政党政治是各国的基本特色，也是各国社会组织应当坚持的基本原则，在新大航海时代也是如此，这是各国社会组织的内在规定。由于思想领导是政治领导的基本前提，所以坚持政治领导必须坚持执政党甚至执政联盟的政治领导，特别是执政者的发展理念、重要部署和发展战略等。在新大航海时代，更要坚持执政党甚至执政联盟等的领导，发挥党组织的政治核心作用，加强社会组织党的建设，并注重加强政治引领和示范带动等。同时，在指导思想上，还要贯彻落实符合时代要求和本国特色的发展理念。

职责定位

社会组织的发展理念需要一定的职责定位来体现，而社会组织的职责定位又需要必要的发展理念来引领，只有两者建立良性的互动关系，才能促进社会组织、健康、稳定可持续发展。社会组织的职责定位会直接影响其发展理念的有效实施。虽然绝大部分社会组织都要坚持非营利性要求，并且体现不同程度的普惠性、共享性和开放性等特点，但是它们的行业、地区和专业等不同，决定了它们的非营利性程度也有所不同，所以各国也必然要按照统筹兼顾、分类指导和逐步试点的原则加以推进和落实。进入新大航海时代后，还会产生很多新社会组织，如互联网协会等。对于完全公益性的社会组织，国家财政部门将给予完全支持和购买，否则只能给予部分支持和购买。

管理方式

　　社会组织的管理方式必须符合一定的发展理念，只有这样，管理才能落到实处，也才能取得实效。毕竟市场化的发展理念及管理方式不同于计划式，不管是在宏观管理方面，还是在微观管理方面，都是如此。另外，市场经济是法治经济，所以也要采取一定的法制化管理。随着改革开放的逐步推进和社会主义市场经济体制的建立健全，在社会主义市场经济体制下，许多社会组织管理也开始逐步从计划式管理向市场化管理转变，即财政部门给予一定财政支持和补助，逐步从直接方式向通过政府购买公共服务等间接方式转变。同时，社会组织管理还通过建立健全必要的市场化法律法规来加以规范、管理和引导。在社会组织的内部管理方面，也要通过必要的市场化方式来实现自身的生存和发展。

技术手段

　　在新大航海时代，以互联网为主要标识的重大科技的出现，改变了人类生活，也改变了社会组织。这种改变不仅体现在结构设置上，也体现在管理思维、管理方式和管理手段等方面。结果便是，许多参与个体和单元可以通过使用新科技而具有更大的独立性、自主性和便利性等，其参会方式、管理方式和信息处理方式等也都因此发生了不同程度的变化。如原先必须现场参会的现在可以远程参会，原先需要逐级上报的现在可以通过一站式处理来完成，甚至部分工作还可以通过智能机器人等人工智能设备来实现，这样也就有效地降低了时间成本、缓和了人际矛盾、精简了管理环节，从而提高了管理效率和应变能力等。

新大航海时代观

Navigating
the New Era of
Discovery

以上 4 个因素，虽然各自所处的地位和作用等有所不同，但是都对社会组织的发展理念形成和发展起到了重要作用。其中，政党政治特别是执政党的思想领导决定了社会组织发展理念的方向，职责定位决定了其发展方位，管理方式决定了其基本导向，技术手段决定了其实施策略。

社会组织发展理念面临的 3 大突出问题

由于社会组织的发展时间还不长，各级政府的重视程度还不够，政策、人才和经济等相关配套制度还跟不上等诸多原因，各国社会组织的发展理念还面临很多突出问题，即使是在新大航海时代，也没有发生根本改变，更何况一些新的社会组织还没有形成，特别是关于互联网、人工智能等新兴科技的社会组织。目前社会组织发展理念面临的突出问题有以下几点。

对发展理念的理解把握还不全面

坚持政党政治是各国社会组织的基本特征，坚持执政党甚至执政联盟等的思想领导更是各国社会组织的应有之义。但是在新大航海时代，各国社会组织的发展理念还应更加全面和充实，不仅应该包括国内的，而且应该包括国际的，毕竟现在已是国内经济国际化、国际经济国内化，更何况有些国内的也已是国际的。但由于很多国家都是坚持政社合一的基本理念，并且政府力量相对很大，导致社会力量及社会组织等发展比较落后。因此，各国围绕发展理念的解读至今还主要停留在基本概念及重要论述上，其中也部分涉及社会组织，很少有单独论及社会组织发展理念的解读。

对发展理念的充实完善还不及时

面对内外环境的主客观变化，社会组织只有及时完善必要的发展理念，才能符合实际，也才能收到实效。但是，由于对发展理念的理解把握还不全面，对现有发展理念的深刻认识还不及时，对新型发展理念的了解研究还不到位等原因，一些社会组织的发展理念还没有很好地充实和完善，有的该充实的没有及时充实，有的该发展的没有及时发展，有的该建立的没有及时建立，部分互联网、人工智能等方面的新型社会组织更是如此。尽管很多社会组织都是非营利性的，应该坚持公益性发展理念，但它们至今也没有很好地建立起来。有些社会组织已参与国际事务，但也没有及时包含必要的国际性发展理念等。社会学习者贾志科认为，目前，社会组织行业内仍然遵从"纯利己"的企业运营性理念或"纯利他"的慈善救济性理念，而尚未树立"利己利他并重"的现代公益服务理念。

对发展理念的执行落实还不到位

发展理念确定以后，就要认真执行，否则就算不会流于空谈，至少也会导致无法完全落实。虽然很多社会组织都确定了一定的发展理念，并且进行了不同程度的执行和落实，但是由于受到自身认识水平、执行人员能力和执行落实环节等的限制，再加上诸多外部环境的客观变化，如政策或法律变化等，发展理念的执行和落实必然存在不同程度的偏差，结果也就必然无法完全到位。例如，坚持服务型管理理念，是社会组织的重要理念，也是社会组织在市场化条件下赢得生存和发展的必然要求。社会组织既要服务于政府，更要服务于社会，但是部分地方政府职能转变的相对落后和对社会力量及社会组织等培育力度不够，致使该理念无法真正贯彻落实，最终导致一些社会组织注册难，有关业务活动也不容易开展。

对发展理念的配套建设还不完善

发展理念的贯彻落实还需要必要的配套建设，其中既包括配套制度，也包括配套人才、配套组织和配套经济等。只有这样才可能使发展理念落实到地、落实到位，毕竟任何发展理念最终都要体现为相应的实施方案、实践成果和具体指标等。但是，由于政府对"政社分开"的理解把握还不到位，社会力量及社会组织等的发展还不充分，有利于社会组织生存发展的政策环境还不完善，特别是部分地方政府还严格限制社会组织等，所以发展理念的配套建设还不完善。另外，由于互联网、人工智能等新型社会组织还在发展中，党和政府认识、理解它们也还需时间，有关法律法规、国际合作和业务开展等都还需探索，所以其发展理念的配套建设也必然不完善。考虑到现在国内外安全形势仍比较严峻，因此围绕新兴技术安全的、有关国际合作及国际社会组织的合作也就很难有效展开。

理念重构，让社会组织继续发挥其作用

根据新大航海时代对社会组织的基本要求和战略期许，结合上述社会组织面临界的突出问题，现就其理念重构研究提出以下 4 点政策建议。

全面理解把握社会组织的发展理念

要全面梳理社会组织发展理念的国内外研究现状，并结合新大航海时代的基本特点、发展状况、突出问题和主要任务等，研究确定其基本内涵及重要类型，既要包括一般理念，也要包括行业理念、时代理念、地区理念、国家理念和国际理念等重要理念。同时，还要和其所在地的政党政治、法律法规和行业规范等的基本要求结合起来，并且适当体现和反映这些基本要求。目前在中国，社会组织的发展理念至少要包括新

发展理念，以人民为中心的发展理念，开放包容、合作共享的发展理念，共商、共建、共享的发展理念、公益性的发展理念以及服务性的发展理念等。

及时充实完善社会组织的发展理念

要根据社会组织的基本特点、职责定位和发展差异，并结合各国有关法律法规等制度文件的政策要求，坚持按照统筹兼顾、分类指导、抓好试点、逐步完善原则，对其发展理念加以充实和完善。对于传统社会组织，要围绕其自身优势、改革状况和发展取向等，继续强化公益性发展理念、服务性发展理念和开放性发展理念等，并通过和有关单位、个人的合作来贯彻落实。对于互联网、人工智能等有关新一代科技发明的新型社会组织，要抓紧加强执政党领导及其党组织建设，及时确立符合时代要求、本国特色和社会组织特点的发展理念，同时，还要加强确立必要的保密性发展理念。

认真执行落实社会组织的发展理念

要围绕新大航海时代本国社会组织的发展现状、突出问题和主要任务等，认真贯彻落实法律法规等制度文件的政策部署。在舆论宣传上，要继续树立鲜明的政治导向、发展导向、管理导向和业务导向，以使发展理念全面、具体和务实。在政策制定上，要突出战略性、紧迫性和可操作性，着重破解突出问题，继续放松有关政策管制，以有利于发展理念的及时推进。在制度建设上，要继续补短板、强弱项，着重加强激励机制、创新机制和服务机制等建设，以使发展理念得到有效保障。在业务开展上，要结合自身优势，围绕发展重点、难点和关键点，突出有关业务的创新和创造，让发展理念真正体现在业务中。

完善社会组织发展理念的配套建设

要按照社会组织发展理念实施的基本要求、主要条件和发展状况，并结合各国战略部署和有关法律法规等制度文件的政策要求，围绕不同的发展理念及其突出问题和发展重点，分类推进有关配套建设。一方面要围绕公益性发展理念的保障和落实，大力培育发展社区、社会组织，继续夯实其经济基础，确保更多业务活动能体现公益性。另一方面要围绕开放性理念的保障和落实，积极、规范处理传统社会组织的各种涉外活动，继续抓紧建立互联网、人工智能等新一代科技发明的新型社会组织，并按照涉外安全保密规定，建立健全有关安全保密监控网。同时，还要围绕诚信性发展理念的保障和落实，探索建立社会组织诚信评价体系，建立健全行业性诚信激励和惩戒机制，并针对其主要活动和收费情况等，及时开展诚信评价和建立必要的惩戒举措。

新大航海时代的来临为我们理解把握社会组织的
发展理念提供了新的时代背景，也为创新推进其
理念重构提供了新的时代条件。为此，我们要全
面把握其重要作用，认真分析其影响因素，着重
研究其突出问题，及时提出应对之策。只有这
样，社会组织的理念重构才能更加贴近时代需
要、更加贴近职责定位、更加贴近发展实际，其
发展理念才能在新的时代继续发挥其应有的社会
地位和作用。

Navigating the
New Era of
Discovery

第 3 章

智联万物，数字时代的交互链接

人机交互：身心交互，思行无碍

人与人之间的交互一般是通过捕捉声音、动作、文字等信号完成信息传输的，而人与计算机之间使用某种对话语言，以一定的交互方式，为完成确定任务进行的信息交换过程，就是人机交互。1945 年，万尼瓦尔·布什（Vannevar Bush）在电子计算机尚未出世之时，就发表了文章《诚如我思》（*As We May Think*）的文章，提出了一种扩展存储器（memex）的设想。1960 年，约瑟夫·利克莱德（Joseph Licklider）描绘了一种人机交互的愿景，被视为未来人机界面学的发展方向，即"人机共生"（human-computer close symbiosis），并开展了一系列人机共生理念下的图形与可视化、虚拟对象操控、互联网络等研究项目，为人机交互的发展奠定了重要基础。

个人计算机和互联网的发展开启了真正意义上的人机交互。在个人计算机和互联网时代，人机交互主要是通过手指操作鼠标、键盘和眼睛查看显示屏内容完成，而且局限于通过特定电脑在特定场景下进行。在个人计算机和互联网时代，人们的主要需求是检索和查找网页信息，用户通过鼠标、键盘与网站内容进行交互，人与人之间的关系通过访问共同网页而产生。到了移动互联网时代，人机交互主要通过手指操纵触控屏、语音识别等方式完成，人们通过手指在屏幕上指向、点击、滑动或者语音识别实现人机交互，交互设备也由鼠标、键盘扩展到触摸屏或语音识别工具。在这个阶段，人们在不同时空环境下，通过点击、触控、语音等操作表达需求。网站、应用程序捕捉到这些需求信息后，通过推荐系统向用户反馈个性化内容，最大化地激活人们的社交、游戏、购物、视听、交易等个性化需求。

新大航海时代观

Navigating
the New Era of
Discovery

随着数字时代的到来，人机交互的范围也从人与计算机之间扩展到人与以计算系统为支撑的智能机器之间。人机交互方式从图像交互个人计算机到触控交互（智能手机），并走向由语音（TWS/智能音箱）、视觉（AR/VR）、神经电信号（脑机接口）等驱动的自然交互。近年来，脑神经科学在分子细胞、关键元器件、软硬件开发、应用系统、仪器仪表等领域取得了重大突破，脑机接口技术得到了长足的进步和飞速的发展，脑机接口产业迎来了重大发展契机。

脑机接口技术是人与机器、人与人工智能交互的终极手段，也是连接数字虚拟世界和现实物理世界的核心技术之一。脑机接口在有机生命形式的脑与具有处理或计算能力的设备之间，创建用于信息交换的连接通路，实现信息交换及控制。脑机接口技术通过信号采集设备从大脑皮层采集脑电信号，经过放大、滤波、A/D 转换等处理过程后，脑电信号转换为可以被计算机识别的信号，然后计算机对这些信号进行预处理，提取特征信号，再利用这些特征信号进行模式识别，最后转化为控制外部设备的具体指令，实现对外部设备的控制。

脑机接口按照信号采集方式不同主要分为植入式和非植入式两种技术路线，植入式脑机接口技术主要应用于医学领域，而目前主流的消费级脑机接口研究主要运用非植入式的脑机接口技术。随着非植入式脑机接口技术不断走向小型化、便携化、可穿戴化及简单易用化，脑机接口技术将不仅在康复训练、医疗护理等医学领域具有显著的优势，而且在生产制造、教育、军事、娱乐、智能家居等方面也具有广阔的应用前景。同时，脑机接口技术与量子计算、云计算、大数据、物联网等信息通信技术的结合，将带动和引发其他技术形成新的突破和发展，这已经成为未来全球科技前沿热点和各国争相竞争的高地。

数字孪生：架起桥梁，连通虚实

随着传感技术、物联网、大数据、云计算以及人工智能等技术的不断进步，经济社会数字化转型持续推进，数字孪生（digital twin）逐渐成为产业界关注的热点。

数字孪生以数据与模型的集成融合为基础与核心，利用物理模型、传感器更新、运行历史等数据，集成多学科、多物理量、多尺度、多概率的仿真过程，在数字空间实时构建物理对象的精准数字化映射，基于数据整合与分析预测来模拟、验证、预测、控制物理实体全生命周期过程，最终形成智能决策的优化闭环。数字孪生将安装在真实物理系统中的传感器数据作为该仿真模型的边界条件，使用在数字世界中建立与物理实体的性能完全一致的实时仿真模型，实现数字孪生体与物理实体的同步。

数字孪生起源于航天军工领域，近年来持续向智能制造、智慧医疗、智慧民航、电力运维、智慧城市等垂直行业拓展，逐渐成为一种基础性、普适性、综合性的理论和技术体系。数字孪生在经济社会各领域的渗透率不断提升，行业应用持续走深向实。

智能制造：赋能产品，提升产品可靠性和可用性

制造部门和石化、冶金等流程制造企业使用数字孪生技术，可以准确评估设备性能，并对设备进行优化设计，快速验证不同的设计方案和参数，缩短产品开发周期，优化设计和开发过程。通过对产品线进行全方位模拟、优化和智能监测，聚焦工艺流程管控和重大设备管理等场景，赋能生产过程优化，制造部门和制造企业可以降低生产成本，提高生产效率、产品质量和运行安全性。通过数据分析和故障诊断功能，快速定位故障并进行维修，制造部门可以减少停机时间、大幅降低维修成本，

大幅提高设备的维修效率。最后，通过构建全面的企业数据分析平台，数字孪生可以帮助企业进行智能化决策和管理，提升决策效率。装备制造和汽车制造企业采用数字孪生，可以聚焦产品数字化设计和智能运维等场景，赋能产品全生命周期管理，有效提升产品的可靠性和可用性。

智慧医疗：重塑医疗服务的未来

医疗部门采用数字孪生，可以基于真实的、多维度、多样化数据，创建物理实体或工作过程的虚拟版本，提升医疗效率，实时监控医疗设备的运行状态并发现其维护需求，确保设备的可靠性和稳定性。数字孪生技术通过对医院资源进行优化配置，合理安排医生排班，降低患者等待时间，可以提高整体医疗效率，实现智能化决策。医院利用数字孪生技术，可以为每位患者建立数字孪生体，及时了解患者的健康状况并预测治疗方案的效果；可以根据每位患者的个体特征和疾病情况，为其提供量身定制的医疗服务，提高治疗效果和患者满意度；还可以通过与虚拟现实技术结合，为医生提供更真实的手术模拟和培训，降低手术风险，提高医生的技能水平。

智慧民航：全面提升航空部门建设的系统性、协同性、安全性

对航空部门而言，数字孪生可以实现对机场设备的即时监测和预测维护，从而预防机场设备的故障停机、减少停机时间，提高设备的运行效率。通过对机场运力进行分析和情景模拟，数字孪生技术可以监测并预测航班数量、旅客流量等运力信息，从而合理安排航班时刻、分配登

机口，提高运力的利用率和效率。航空公司应用数字孪生技术，通过对运行数据进行连续采集和智能分析，可以预测开展维护工作的最佳时间点，提高飞机日常检修、维护效率，避免重大事故的发生。

电力运维：实时监测、实时优化，助力电网多场景应用

在电力系统中，发电企业、电网公司将数字孪生技术应用于电网仿真、设备运维等领域，通过将电力系统的各个组成部分进行数字化建模，可以实时监测电力系统的运行状态，对电力设备进行故障诊断和预测，提高设备和电网的可靠性和安全性；可以实现对电网的智能控制，根据电网负荷情况，调整电力系统的运行策略，对电力系统进行实时优化，提高电网的能效和稳定性。通过对电力系统进行仿真分析，可以优化电网结构和配置，为电网规划和设计提供科学支持。数字孪生技术还可以结合风、光、水等可再生能源数据以及气象数据，构建一个真实世界的虚拟能源系统，实时模拟不同能源的供给和需求情况，以及气象对能源生产和消纳的影响，促进电网与其他能源系统的协同发展。

数字城市：数字孪生让城市更"聪明"

随着新一代通信技术、物联网和云计算的快速发展，数字孪生赋能智慧城市建设，数字孪生城市将成为现实。在数字孪生城市中，公共设施、车辆、人流等地上信息，供水、排水、电力、热力、燃气等各类管线运行状态等地下信息，二氧化碳浓度、空气质量等空中信息，以及水流、潮汐、水质等水中信息，警力、医疗、消防等市政资源的调配情

况，都会被传感器、摄像头、数字化子系统采集到，并通过物联网技术传递到云端。城市管理者基于这些海量城市感知数据以及城市模型，构建出城市数字孪生体，为城市高效管理和运行提供科学支撑，提升公共资源配置和科学决策效率，从而更高效地管理城市。

元宇宙：时空再造，元生未来

数字时代的互联网正从中心化、开放的网络空间逐步走向去中心化、碎片化的虚拟世界。其中交互技术的不断发展，让传统用户输入和机器输出升级成结合视频和 AI 的多元化人机交互，将人与人之间的连接重构成为元宇宙分布式社区中的虚拟关系。元宇宙被称为下一代互联网，是利用科技手段进行链接与创造的、与现实世界映射与交互的虚拟世界，具备新型社会体系的数字生活空间。在这里，人们通过自己或虚拟化身的数字形象与物体、环境和他人进行互动。

随着扩展现实、人机交互、人工智能、数字孪生、3D 建模与视图渲染、区块链等新技术的发展与突破，元宇宙概念在融合了一众新技术之后逐渐清晰和具化。元宇宙本质上是对现实世界虚拟化、数字化的过程，是在共享的基础设施、标准及协议的共同支撑下，由众多工具、平台不断融合、进化，最终形成的一个极致开放、复杂、巨大的系统，也是一个超大型数字应用生态。

元宇宙将物理世界和数字世界融合，打造沉浸式触觉感官体验，使现实世界中的人类可以和虚拟世界中的智能体（虚拟人、数字财产、数字物品等）进行交互。在元宇宙初期，人类通过虚拟现实智能眼镜、沉浸式 AI 视频中的交互动作（眼神、肢体动作等）实现与虚拟世界的交互，类似于玩"身临其境的沉浸式视频游戏"。随着人工智能交互技术的突破，未来的人工智能可以脱离手、眼等器官，直接读取人的意念，通过脑机接口输入给虚拟世界，实现与虚拟世界的交互链接。

新大航海时代观

Navigating
the New Era of
Discovery

元宇宙不受时间和空间的物理限制，为人类生产生活带来了变革性的新机遇。元宇宙不仅重筑了社会的基础设施，也重塑了社会组织和个人，进而改变了社会结构的形式和社会治理的方式。它不仅成为人类学习、工作和生活中不可或缺的技术设备和手段，而且成为社会结构、规则和秩序的有机组成部分，甚至正在成为人类身体乃至生命的一部分。生命开始自己虚实结合的"数字化生存"，甚至"数字永生"。

工业元宇宙，将生产效率和产品质量提升到极致

在生产场景中，随着人工智能、通信技术、物联网、工业机器人、数字孪生、扩展现实等技术的深度应用，元宇宙时代的工业实现从二维图纸到三维模型、从静态模型到动态模型、从抽象数据到仿真模型的转

变，实现从数据孪生到信息物理系统，进而到实时性的远程仿真、操控、维护……人们在家中以虚拟身份出现在生产工厂参与生产，而生产一线单调、繁复、艰苦、危险的工作则交给机器人和人工智能去完成，从生产管理、机械加工到包装储运全程自动化、无人化、智能化，生产效率将达到极致，生产成本将进一步降低。供应链上的所有工厂成为一个真正的整体，生产活动通过上下游的生产情况实时进行调整，生产信息实时反馈给上下游企业，真正实现零误差和零浪费。

消费场景升级，元宇宙开启消费新时代

在购物场景中，元宇宙消费空间彻底打破了人们所认知的现实空间界限。你可以自由进入不受现实因素限制的虚拟空间，随意切换四季体感，在虚拟世界中实现视觉、体感与现实世界的全方位连接，根据个人身体特征和偏好定制个性化衣服，这款衣服的 NFT（Non-Fungible Token，非同质化通证）直接录入你的元宇宙空间，订单实时进入元宇宙工厂生产，生产完成后由机器人送货上门。

元宇宙，让社交充满想象

在社交场景中，一个充分满足人类娱乐、社交需求的虚拟世界全面铺开，使用不同语言的人通过翻译器实时交流，虚拟身份社交成为生活不可分割的一部分。你可以与来自全球各地的朋友逛街、聚会、跳舞、品尝美食、听音乐会、看时装秀、玩游乐场、逛艺术展，甚至可以下场赛车、踢球、滑雪，过不一样的第二人生。

元宇宙社会中个体的"数字永生"

数字永生是指借助脑机接口和人工智能技术的发展与突破,人类可以将个体生命"意识"进行大规模的数据存储,并进行算法处理与联系,在元宇宙中重新构造出一个具有真实思维能力的虚拟化身,不论真实的个体是否已经死亡,该个体在意识层面的生命周期数据都将永远存在于元宇宙社会空间之中。

在真实物理世界中,时间不可逆,遗憾常伴人生。而元宇宙却可以实现生命的自我掌控,可以自主选择角色生命,自主控制生命历程和进度。在元宇宙中,个体可以近似"无损"地了解前人"意识",近乎完美地继承前辈"遗志",实现个体生命的不朽。元宇宙能够记录生命的全过程,实现个体生命的重启与重来、互动与互换、继承与叠加、编辑与定制等操作,实现数据与算法层面的数字永生。

随着 AI、新一代移动通信技术等基础技术的成熟和应用，人机交互方式从图像交互走到触控交互，并走向由语音、视觉、神经电信号等驱动的自然交互，连接范围实现地面无线和卫星通信全方位集成链接，链接量级走向万物交互链接，设备数量从个人计算机时代的亿级、智能手机时代的十亿级升级到人工智能物联网时代的百亿级，数字技术应用边界被拓展到前所未有的宽度，智能交互、触觉互联网、情感和触觉交流、多感官混合现实、机器间协同、全自动交通等场景成为现实，人类将进入元宇宙时代。

Navigating the
New Era of
Discovery

第 4 章

生物技术大发展，带来伦理新挑战

自地球文明出现之后，生物的起源与未来走向，一直是长期困扰人类社会的重大问题之一。随着生物技术的快速发展，与基因克隆、脑机连接等有关的伦理问题引发了巨大争议。在人工智能支持下的大数据模型等技术快速迭代的大背景下，生物技术即将迎来爆发式增长的新时代，相关伦理问题也将更为凸显。

全球立法禁止克隆人

1997 年 2 月 27 日，英国《自然》杂志报道了一项震惊世界的研究成果：1996 年 7 月 5 日，英国爱丁堡大学罗斯林研究所伊恩·维尔穆特（Ian Wilmut）领导的一个科研小组，利用克隆技术培育出一只小母羊，取名多莉，这是世界上第一只用已经分化的成熟的体细胞（乳腺细胞）克隆出的羊。克隆羊多莉的诞生，是生物技术的一大飞跃。多莉的克隆成功使国际社会认识到将同样的程序用于人类的可能性，这引发了世界范围内关于动物克隆技术的激烈争论，而干细胞技术的进展则进一步增加了人类克隆的可能性。那些声称已经克隆了人类胚胎的人们，其目的是最大限度地使用这一技术生产干细胞。

联合国教科文组织从 20 世纪 70 年代起，就建立了长期的生命伦理和科技伦理项目，该项目负责包括克隆人问题在内的生命伦理和科技伦理问题。首个有关禁止克隆人的国际标准性文件就是联合国教科文组织通过的《世界人类基因组与人权宣言》，其中第二条申明，"这种尊严要求不能把个人简单地归结为其遗传特征，并要求尊重其独一无二的特点和多样性"，并且认为生殖克隆有违人类尊严而不允许其进行。

3 个与人类基因组操作有关的国际性文件是《世界人类基因组与人权宣言》、欧洲理事会《人权和生物医学公约》以及《关于禁止克隆人的附加议定书》。此外，联合国《公民权利和政治权利国际公约》第 23 条承认已达婚姻年龄的男女缔婚和成立家庭的权利。克隆贬损了他们生育孩子的权利和人的尊严，侵犯了孩子选择未来的权利，使孩子成为另外一个人基因组的"囚徒"。

人类克隆技术不仅存在难以预测和消除的技术风险，更存在违背社会伦理、违背科学道德等重大伦理问题。基因操作被认为是不人道的做法，因为一个新种类或次级种类的人从本质上讲不能享有人权。如果人的身体特征有很大程度的改变，那么克隆肯定是不人道的。复制人的克隆和其他类似形式的基因工程必须被看作是一种危害人类罪，已有建议提出要求国际刑事法庭调查和惩罚对人的克隆行为。

2001 年，中国出台了《人类辅助生殖技术管理办法》及一系列相关文件。2003 年，中国又修订了《人类辅助生殖技术规范》，要求医疗机构在实施试管婴儿技术中禁止克隆人。2004 年，中国出台了《人胚胎干细胞研究伦理指导原则》，第一次以书面形式明确禁止生殖性克隆人研究，允许开展胚胎干细胞和治疗性克隆研究，但要遵循一些行为规范的要求。

基因编辑事件引发伦理思考

2018 年 11 月 26 日，南方科技大学副教授贺建奎宣布，一对名为露露和娜娜的基因编辑婴儿于 11 月在中国诞生。这对双胞胎的一个基因经过修改，使她们出生后即能天然抵抗艾滋病病毒。这是世界首例免疫艾滋病的基因编辑婴儿，这一事件震惊了世界。

122 位科学家联名谴责，称"此项技术早就可以操作"，不这么做的原因是存在巨大的风险和伦理问题。自 2016 年 6 月开始，贺建奎私自组织包括境外人员的项目团队，蓄意逃避监管，使用安全性和有效性不确切的技术，实施国家明令禁止的以生殖克隆为目的的基因编辑实验，这是明显的违法行为。

中国医学科学院发表声明，反对在缺乏科学评估的前提下，违反法律法规和伦理规范，开展以生殖为目的的人类胚胎基因编辑临床操作。当前，生殖细胞或早期胚胎基因编辑尚处于基础研究阶段，其安全性和有效性尚有待全面评估，因而科研机构和科研人员不应开展以生殖为目的的人体生殖细胞基因编辑的临床操作。

根据 2003 年国家科学技术部和国家卫生健康委员会（原国家卫生和计划生育委员会）联合下发的《人胚胎干细胞研究伦理指导原则》、2003 年国家卫生健康委员会颁布的《人类辅助生殖技术和人类精子库伦理原则》、2016 年原国家卫生和计划生育委员会颁布的《涉及人的生物医学研究伦理审查办法》和 2017 年国家科学技术部颁布的《生物技术研究开发安全管理办法》，中国禁止以生殖为目的对人类配子、合子和胚胎进行基因操作。

干细胞克隆研究事关国际竞争

虽然中国允许开展胚胎干细胞和治疗性克隆研究，但要遵循一些行为规范的要求，而"魏则西事件"则对中国干细胞研究产生了重大负面冲击。

2015 年，患有恶性软组织肿瘤的西安电子科技大学学生魏则西在百度上查到由"莆田系"和武警北京市总队第二医院合作成立的治疗中心。魏则西先后在该治疗中心接受了 4 次生物免疫疗法，花费 20 余万元，并被许诺治愈率可达 80% ~ 90%，至少延续 20 年的生命，但魏则西最终于 2016 年死亡。该事件引发了广泛的社会关注，一度影响到公众对干细胞研究的正确认识。之后的调查发现，该院细胞治疗中心系与"莆田系"合作成立，存在免疫治疗端鱼目混珠、缺少规范的问题，因此国家卫生健康委员会全面叫停免疫细胞治疗，重新规范治理行业。

ChatGPT 掀起新一轮的技术热潮

ChatGPT 是人工智能技术驱动的自然语言处理工具，它能够学习和理解人类的语言并进行对话，像人一样聊天，还能代替人从事写代码、写论文、写文案等工作，不仅对相关行业产生冲击，也引发了相关伦理担忧。特别是随着大数据模型的发展，ChatGPT 的参数量已经与人脑的神经元数量规模相当。ChatGPT 未来必将得到更快的发展和更为广泛的应用，不仅会成为各国科技竞争的主要焦点，还将引发风险争议。

AI 大模型技术的快速发展引起了多方关注。2023 年 3 月，包括 OpenAI 共同创始人埃隆·马斯克在内的上千名科技领袖通过非营利组织未来生命研究所（FLI），签署了一份联名信，呼吁 OpenAI 暂停对 GPT 的训练，理由是其对社会存在潜在风险。这份联名信引用了包括 OpenAI、谷歌及其子公司 DeepMind 等机构的 12 项研究，立即引发了激烈的争辩，一些人工智能权威人士认为，人工智能的威胁被夸大了。同年 3 月 31 日，多名人工智能专家公开指责 FLI 的独立性，他们表示，该机构主要由马斯克的基金会资助，并将想象中的"世界末日"情景强加于人工智能。

马斯克脑机接口试验引发伦理担忧

2023 年 9 月 20 日，马斯克旗下的脑机接口公司"神经连接"对外宣布，他们已获得独立的机构审查委员会及首家医院的批准，开始为首次脑机接口临床试验招募志愿者。神经连接公司已于 2023 年 5 月获得美国食品和药物管理局批准，启动首次脑植入设备临床试验。那些由于颈部脊髓损伤或患肌萎缩侧索硬化（俗称"渐冻症"）而四肢瘫痪的人可能符合招募条件。

这项名为"精准机器人植入脑机接口"研究的项目，是一项完全可植入的无线脑机接口医疗设备试验，旨在评估植入物和手术机器人的安全性，并评估脑机接口的初始功能，帮助瘫痪者用大脑意念来控制外部设备。

神经连接公司希望通过向人脑植入电极、芯片等装置，建立连接人脑与外部设备的通信和控制通道，即脑机接口，从而实现用大脑生物电信号直接操控外部设备或以外部刺激调控大脑活动的目的。2020 年 8 月，马斯克曾在线直播展示了大脑被植入脑机接口设备的小猪，其脑部活动信号可以被实时读取。

人工智能大模型迎来生物技术发展新时代

尽管生物技术在基因克隆、干细胞应用等方面取得了明显进展，但与 5G、物联网、大数据、人工智能等信息技术相比，发展仍不尽人意。即使如此，可以预见的是，随着 Open AI 开始的人工智能大模型的开发应用，生物技术也将迎来飞速发展的新时代。

人工智能大模型在算例、算法和数据 3 大要素上的不断累积和迭代，以及在生物领域的应用，对生物技术研发起到了重要的推动作用。例如，在制药领域，过去需要一年时间完成的迭代计算，应用大模型之后可能只需要一周时间就能完成，这就大大缩短了药品的开发周期。预计在基因图谱解析、干细胞研究、人体组织克隆等领域的技术进步方面，人工智能大模型也将起到重大推动作用。

生物技术与信息技术融合将引发伦理争议

目前，我们或许可以认为 Open AI 的应用带来的相关风险有被夸大的可能，但随着生物技术与信息技术的融合，生物芯片的出现是迟早的事。同样，马斯克的脑机接口也仅仅只是一个开始。如果说元宇宙是通过人工智能大模型将人类个体的思维转换至虚拟世界，进而再通过虚拟世界部分代替人类个体影响现实世界的话，那么脑机接口的进一步发展，必将使人类最终实现像目前电脑与存储介质之间那样的信息交换，而且是通过生物芯片设备来实现的，芯片的生物化、人类个体的信息克隆及体外演进等，必将带来更大、更深刻的伦理问题。

生物技术进步将引发更深刻的伦理争议

相较于前文所述的干细胞、克隆人等领域的伦理问题，未来生物技术飞速发展带来的伦理争议将会更大、更深刻。

尽管克隆人和人类基因编辑已从伦理上被否定，但是，不论是干细胞治疗技术，还是克隆人体组织以供医用等，均得到了一定的法律支持。通过改变相关组织的脱氧核糖核酸，减轻病人的痛苦，缓解和治疗阿尔茨海默病、糖尿病、帕金森病、心血管病以及各种遗传性癌症已逐渐成为现实。克隆技术还将被用于骨骼、肌肉、皮肤和软骨的替代以及脊髓的修补等。

但是，随着各种替代器官的克隆制造和替换，其与人类整个个体克隆之间的界限也会越来越模糊，相关伦理争议也会越来越突出。

如果说人工智能大模型和元宇宙技术的出现，将使人类在虚拟世界实现永生成为现实的话，那么生物技术的飞速发展也将使人类在现实世界实现永生成为可能，就此引发的伦理争议也将更大。这不仅涉及代际公平和代际关系，更涉及人类进化，以及自然和人工进化的选择等重大伦理问题，将成为未来人类社会发展过程中面临的重大难题。

人类社会面临伦理问题抉择

不论是生物技术自身的进步，还是生物技术与信息技术的融合发展，都将对未来人类社会的发展方向产生重大影响。综合分析，未来人类社会的发展大致存在以下几种相对不同的发展模式和方向。

其一是以技术为主线，基本不考虑伦理等因素的影响。 碳基生命本身具有明显的脆弱性，如果人类社会要向外发展，就必须尽最大可能克服这种脆弱性。即面向宇宙，通过生物芯片、人机融合等技术，实现人类与机器的融合，使人类社会彻底摆脱对空气、水、食物的依赖，甚至以信息和 AI 等技术为基础，由碳基生命向硅基生命转变，完全摆脱地球生命形态。这一方向也存在重大风险，因为技术的不确定性有可能在应用过程中产生毁灭性的影响，伦理制约程度越低，所带来的风险就越高。

其二是以伦理为基础，采用更先进的技术，最后在更高的技术层次与生态系统再次高度融合，即实现终极生态文明。 探索太阳系天体和系外行星的宜居性，开展地外生命探寻已成为未来中国空间科学发展的 5 大科学主题之一。科学家更关注近邻的、与太阳类似的恒星周围是否有类似地球的宜居行星。

科学家所说的"近邻"是在宇宙尺度上，距离太阳系在数十光年之内。如果人类选择这种发展模式和方向，就需要对生物材料及其循环加工和生产，并做到真正的生态友好和碳循环，以保留相对脆弱的碳基生命体系。这一发展方向虽然没有伦理问题的困扰，但也面临一定的风险，比如人类社会因恶性竞争导致的失控。

其三是上述两种模式的结合，即创造出一个类似电影《阿凡达》那样的碳基和硅基生命双生体系。通过伦理关系保持一个以碳基生命为基础的人类发展体系，同时创造一个以硅基生命或硅基生命与人工智能相结合的新的生命体系，后一体系虽然受控于前者，但能够实现相对独立。因为水和氧气对碳基生命而言不可或缺，但对硅基生命而言则是毒药。当然，双生体系同样具有较大风险，硅基体系可能真正走向独立，并毁灭碳基体系。

还有，人类社会即使通过严格的法律和伦理道德约束选择了第二种发展模式和方向，也存在着重大风险。出于个体野心及个体间或集体间竞争的需要，人类社会难以杜绝铤而走险事件的发生，如果出现失控的情况，则选择第二种发展模式和方向会前功尽弃，人类也将不得不重新面对第一种发展模式和方向带来的伦理道德考验。

在此基础上再来谈一下外星人的问题，除前面提到的碳基生命与硅基生命的关系问题外，基于目前的研究，宇宙大约起源于137亿年前，地球也有46亿年的历史，智慧生命的进化相差几百万年算是极小概率事件。也就是说，不是外星人视地球人为低等生物，就是地球人视外星人为低等生物。所以，人类未来发展也将面临来自地外生命的风险与挑战，尽可能加速强大自身是现实选择，相互拆台和负和博弈或将毁灭人类未来。

即使按已知理论，宇宙也不是无穷大的，宇宙之外是什么还远远未知。而且宇宙自身也处于从大爆炸到膨胀，再到重新聚合的循环过程之中，人类要想实现永存，未来所面临的长远挑战也将更为艰巨。

Navigating the
New Era of
Discovery

第 5 章

8 大面向，做好能源结构的革命转型

能量流动和物质循环是生态系统的主要功能。物质是能量的载体，能量是动力，物质循环伴随能量流动，二者同时进行，彼此相互依存、不可分割。人类生产生活中的能量流动和物质循环也符合这一规律，能量流动或能源生产和消费在其中发挥重要作用。

生态文明是人类社会发展的未来形态

随着大数据、5G、AI 等新兴技术的发展和应用，人类社会已处于由信息社会向智能社会过渡的关键阶段，基因技术引发伦理争议，脑机接口也已进入实验阶段，人类社会的未来将出现两种相对不同的发展模式和方向。

其一是以技术为主线，基本不考虑伦理等影响因素，通过生物芯片、人机融合等技术，使人类社会彻底摆脱对空气、水、食物的依赖，甚至以信息和 AI 等技术为基础，由碳基生命向硅基生命转变，完全摆脱地球生命形态。具体讨论详见本书第 4 章 "生物技术进步将引发更深刻的伦理争议"。

其二是以伦理为基础，采用更先进的技术，在更高的技术层次与生态系统再次高度融合，进入终极生态文明。以生物材料及其循环进行产品生产，做到真正的生态友好和碳循环。

推动新时代能源系统高质量发展

不论未来人类社会是哪种发展模式和方向，能源系统的发展均将符合以下规律。

能量密度高阶化是永恒的发展目标

人类社会的发展历史已充分证明，能量密度高阶化对推动人类技术进步和文明发展至关重要。不论是由传统的薪柴到煤炭，或由煤炭到石油、天然气再到核能，每一次能源革命及能量密度高阶化，都对推动人类文明发展做出了巨大贡献，可以说在人类社会步入信息化发展阶段之前，能源革命对人类社会进步具有决定性意义。从这一角度出发，核聚变无疑是更高阶的能源，也是未来能源革命的主要方向，以此为基础进行未来生产，并与生活分散化相适应的可再生能源体系相配合，或将成为人类未来能源结构的核心。

能源革命的目标应符合热力学第三定律

热力学第三定律是对熵的论述，一般当封闭系统达到稳定平衡时，熵应该为最大值，在任何自发过程中，熵总是增加。因此，人类社会能源革命及能源技术的进步应以能量密度高阶化为主要方向，只有这样才能尽最大可能延缓熵的增加进程，进而使效率更高、经济成本更小。

可再生能源是绿色低碳的技术过渡

全球气候变暖是人类社会发展面临的重大挑战之一，在核聚变技术出现突破的时间存在巨大不确定性的情况下，尽管光伏、风电等可再生能源的能量密度与项目单位人力发电效率均低于煤炭、天然气等化石能源，但出于对气候变化等的考量，高比例可再生能源及大幅提升终端用电比重的"双碳"目标则成为能源革命的必要技术过渡阶段。在此阶段中，能量密度高于汽油和柴油的氢能，或将发挥重要作用。

能量传输将向超导和无线传输过渡

为最大限度提高能量传输效率、降低传输成本，未来大规模能源传输将以超导和无线传输为主。尽管出现了一些有关实现常温超导的造假事件，但超导技术的发展无疑将对未来能源传输革命产生重要影响。同样，绿色低碳的可再生能源技术的发展与应用，使人类开始考虑在太空建设大规模的太阳能光伏电站，以微波等损耗最低的无线传输方式向地球传输能源。

能源绿色转型是创新时代发展的必然阶段

在全球应对气候变化的大背景下，能源绿色转型已是大势所趋，能源科技创新也已在能源绿色转型中发挥了重大推动作用。

能源科技创新是能源绿色转型的基础和前提。人类社会经历了由薪柴到煤炭，再到石油、天然气的能源革命，目前正处于向以可再生能源为主的新型能源体系转变的关键阶段，能源科技创新与技术进步则在其中发挥了关键性作用。2023 年 3 月底，中国非化石能源发电装机占总装机容量比重达到 50.5%，首次超过 50%，光伏、风电等新能源技术的进步对这一发展起到了决定性作用；2023 年 1—8 月，新能源汽车销量 537.4 万辆，同比增长 39.2%，市场占有率达到 29.5%，这些更是得益于充电时间、电池容量密度、续航里程等方面的持续技术进步。预计在不久的将来，中国光伏、风电以及电动汽车均将迎来新的爆发式增长，能源绿色转型将步入新阶段。

能源科技创新为突破安全、经济、绿色这一"不可能三角"提供可能。《中国油气产业发展分析与展望报告蓝皮书（2022—2023）》显示，2022 年中国油气产销呈现"两增两减"态势，说明中国油气能源产业链供应链韧性与安全水平进一步提高。"两增"即中国石油天然气储量、产量稳步提升：2022 年，中国新增石油探明地质储量超过 14 亿吨，新增天然气探明地质储量超过 1.2 万亿立方米；原油产量 2.05 亿吨，同比增长 2.9%，重回 2 亿吨"安全线"；天然气产量 2 201 亿立方米，同比增长 6.07%。"两减"即中国石油天然气进口量、对外依存度实现下降：2022 年中国进口原油 50 828 万吨，同比下降 0.9%，原油对外依存度降至 71.2%；进口天然气 10 925 万吨，同比下降 9.9%，天然气对外依存度降至 40.2%。随着国际地缘政治形势日趋复杂，大国博弈加剧，能源领域的安全问题日益突出，能源科技创新，特别是新能源技术的发展和大规模应用，为中国能源绿色转型提供了可能，也使得传统的安全、经济、绿色"不可能三角"看到了被突破的曙光。

能源科技创新推动能源绿色转型是大势所趋，但科技创新仍具有明显的不确定性。第四次科技革命已引发巨大的科技变革，大数据、人工智能等数字经济迅猛发展，人类社会已开始由信息社会向智能社会转变。以电动汽车、燃料电池汽车、自动驾驶等为基础的智能交通系统，以及以光伏、风电、智能电网等为基础的智慧能源系统已成为主要发展方向，数字化、智能化以及绿色低碳也已成为全球科技创新与应用的两大主攻方向。

在能源科技快速迭代发展和能源系统出现巨大转变的过程中，也伴随着明显的不确定性。对石油输出国而言，以油气输出向绿色氢能输出转变为主要方向；对中国这样的能源进口与消费大国而言，在大力开发光伏、风电等新能源，实现能源体系绿色化变革的同时，电动汽车和智能交通系统也成为首要选择；对人口密集城市而言，为了实现自动驾驶和智能交通，电动汽车的瞬时反应时间最短，也能最大限度降低交通事故率、减少损失。

促进能源科技创新就是要在不确定性中寻找确定性。从目前的状况看，电动汽车之前面临的充电时间长、行驶里程短及电池容量密度低等

3 大障碍均已通过技术创新得到明显改善，随着技术的持续进步，未来在卡车领域的应用也明显可期。但氢能的发展仍存在一定不确定性，不论是电解水的规模与效率，还是氢的储运技术效率，均有待进一步提高，成本也有待进一步降低，氢能在工业领域的应用也面临电磁、电感等技术发展的竞争。氢能作为中间过渡载体仍存在一定程度的不确定性，解决问题的焦点仍在技术创新上。

因光伏、风电等可再生能源具有很大的波动性，大力发展光伏、风电则需要储能技术的支撑。当前，储能技术已成为制约中国可再生能源发展的主要障碍，技术上有待进一步突破。如果储能技术不能在短期内实现技术突破，未来或将面对快堆、小型堆等新型核电技术的挑战。随着全球变暖，近年来极端气候事件频发，干旱缺水对中国水电的影响也越来越明显，中国急需积极性储能调节技术，但目前不论是抽水蓄能还是化学储能等储能技术，都不具备季节性调节能力，或许我们只能期待氢能及核能技术的创新与突破。

智能社会将对能源系统产生重大冲击

大数据、5G、AI 等技术的发展，以及可再生能源和电动汽车的突破，使人类社会由信息社会开始步入智能社会发展阶段，人类生产、生活、交通和能源体系将出现革命性变革。以光伏、风电等可再生能源为主的智慧能源体系，以及以电动汽车、燃料电池汽车、自动驾驶技术等为核心的智能交通体系，将成为智能社会能源体系的重要组成部分，再加上智能工厂、智慧楼宇、智能家电系统等生产生活体系的建设与发展，人类社会将步入一个全新的发展阶段，能源技术也将具备新的发展特点。

从自动驾驶和智能交通体系发展建设的角度看，相较于传统的燃油汽车和新型的燃料电池汽车，电动汽车无疑是瞬时反应时间最短的，不论在最大限度降低交通事故率，还是在加强渠化、降低拥堵方面，都具有明显的优势，也最符合智能社会的发展方向。特别是在基于无人机技术的飞行汽车出现之后，能源效率、轻量化及高能量密度也成为重要考量因素，未来电动汽车的发展仍有待于技术上的进一步突破和创新。

新大航海时代观

Navigating
the New Era of
Discovery

能源绿色转型已是大势所趋，双碳目标将进一步加剧这一进程。高比例可再生能源和大幅提高终端能源中的电力比重，在宏观走向上是具有明显确定性的，但在很多末端技术创新发展方面则具有明显的不确定性。尽管能源技术整体走势可以遵循学习曲线和摩尔定律，但具体技术创新与突破则存在巨大的不确定性，这就更需要我们进一步加大投入，全面加强能源领域科技创新，在不确定性中寻找确定性，尽最大可能推动中国能源绿色转型进程。

核聚变技术已经取得重大进展

核聚变反应是宇宙中的普遍现象，是恒星（例如太阳）的能量来源，对生命的起源和演化具有重大意义。核聚变也是人类迄今为止发现的最高能量层阶的能源，其技术进步对人类未来有着举足轻重的影响。核聚变能是全球能源发展的前沿和重要科技主攻方向，被视为未来社会的"终极能源"。如果人类可以掌控这种能量，就能摆脱目前所面临的能源与环境困扰。

2022 年 12 月 5 日，美国劳伦斯利弗莫尔国家实验室使用 192 束强大的激光束击中了只有胡椒大小的氢同位素的固体目标。实验向目标输入了 2.05 兆焦耳的能量，产生了 3.15 兆焦耳的聚变能量输出，能量增益达到 153%。这是人类历史上第一次实现核聚变的能量增益，可谓是核聚变技术发展的一个重要里程碑。

2021 年 12 月 30 日晚，中国有"人造太阳"之称的全超导托卡马克核聚变实验装置（EAST）成功实现 1 056 秒长脉冲高参数等离子体运行。2023 年 4 月 13 日，EAST 第 122 254 次实验，成功实现稳态高约束模式等离子体运行 403 秒，刷新了 2017 年创下的 1.2 亿度 101 秒的纪录。2023 年 8 月 25 日下午，中国环流三号（HL-2M），首次实现在 100 万安培等离子体电流下的高约束模式运行，再次刷新中国磁约束聚变装置运行纪录。

目前，中国聚变堆主机关键系统综合研究设施（CRAFT）建设已进入关键阶段，该设施是继 EAST 之后，中国又一可控核聚变关键设施，该设施将更好地推进核聚变技术的研究和发展，为全球核聚变技术早日实现突破做出更大的贡献。2023 年 6 月，CRAFT 负离子源中性束注入系统调试成功，同年 7 月偏滤器系统通过内部验收，9 月第一批采购意向公示，目前其建设进程正在稳步推进中。

毋庸置疑，核聚变已成为实现碳中和的重大选项，包括未来月球氚资源的开发，只不过因在实现技术突破方面还存在巨大的不确定性，当前人类还不能将赌注主要压在核聚变上。光伏、风电等可再生能源将成为人类的现实选择，但不论从能量密度还是生产效率等方面来看，其所具有的过渡性特点都是非常明显的。

分散化能源或将成为必要补充

当前，相较于集中式光伏、风电，分布式光伏、风电发展及技术进步无疑更快，源网荷储一体化的微电网已成为电力系统的重要组成部分。随着电力系统的数字化、智能化和柔性化发展，基于智能电网技术和分布式光伏、风电的智慧能源系统也将得到更快发展，甚至有专家预测，未来人类将步入以微电网为核心的智慧能源时代。

随着数字化、智能化技术的发展，基于人类自身行走及锻炼的身体运动微发电系统也将被开发出来，可供随身携带的小型及微型设备使用。也就是说，未来发电将无处不在，"发电就在身边"将成为现实。同样，宇宙中存在大量的微波辐射能够穿越大气层的辐射，预计随着人类相关技术的进步，这些辐射未来也会成为人类微发电系统的重要组成部分，真正做到技术和能源无处不在。

高温超导磁体解锁恒星能量

核聚变是轻原子结合形成重原子的过程，太阳等恒星便是通过核聚变的方式向太空释放光和热。建造一座产出能量超过消耗能量的聚变发电厂是人们一直在追求却从未实现的目标。这样的发电厂在运行过程中可以在不排放温室气体的情况下发电，同时不会产生大量放射性废料，而核聚变的燃料来自从海水中提取的氢，海水中的氢几乎是无穷无尽的。

但事实证明，在地球上利用核聚变提供电力是一项艰巨的挑战。几十年来，人们在实验装置研究上付出了巨大的努力，甚至花费了数十亿美元，但并未取得关键性突破。

2024 年 3 月，麻省理工学院等离子体科学与核聚变中心（PSFC）以及英联邦聚变系统（CFS）发表了一篇综合报告，这份报告援引了《IEEE 应用超导会刊》（*IEEE Transactions on Applied Superconductivity*）3 月份特刊上 6 篇独立研究的论文，证明了麻省理工学院在 2021 年的实验中采用高温超导磁体以及无绝缘设计是完全可行且可靠的，同时还验证了在实验中使用的独特超导磁体足以作为核聚变发电厂的基础。这预示着核聚变即将从一个实验室中的科学研究项目成为可以商业化的技术。

这一切都要从 2021 年麻省理工学院创下世界纪录的那次核聚变实验说起。2021 年 9 月 5 日凌晨，在 PSFC 的实验室，工程师们实现了一个重大里程碑——一种由"高温超导材料"制成的新型磁体，这种磁体突破了 20 特斯拉的大规模磁场强度的世界纪录，而 20 特斯拉正是建造核聚变发电厂所需的磁场强度。此外，新型磁体同时满足了为设计新的聚变装置 SPARC 而设定的所有标准，磁体是 SPARC 关键的使能技术。科学家预测，这种高温超导磁体有望产生净功率输出，并有可能开创一个几乎无限的发电时代。PSFC 前主任、日立公司美国工程学教授丹尼斯·怀特（Dennis Whyte）表示："磁体的成功测试是在过去 30 年的聚变研究中最重要的事情。"

我们知道，要成功实现核聚变，必须在极高的温度和压力下对燃料进行压缩。由于目前没有任何已知材料能够承受这样的温度，因此必须利用极其强大的磁场来约束燃料。若想产生如此强大的磁场需要"超导磁体"，但之前所有的核聚变磁体都是用超导材料制造的，这种材料需要约 –270℃的低温。

最近几年，一种被称为稀土钡铜氧化物（RBCO）的新型材料，开始被用于核聚变磁体中。它可以让核聚变磁体在 20 开尔文的温度下工作，尽管比 4 开尔文仅高出 16 开尔文，但在材料特性和实际工程方面却有着显著优势。

如果采用这种全新的高温超导材料制造超导磁体，不仅要在前人的基础上进行改良，还需要创新和研发。为了能够充分利用 REBCO，研究人员重新设计了一种基于双面稀疏张量核（Two-level Sparsity Tensor Core，TSTC）架构的工业可扩展大电流的 VIPER REBCO 电缆。VIPER REBCO 电缆具有几个明显的优点：

1. 具有不到5%的稳定电流退化。
2. 在2～5纳欧范围内具有坚固的可拆卸接头。
3. 首次能在适合REBCO低正常区域传播速度的聚变相关条件下在全尺寸导体上进行两种不同的线缆淬火测试。

这个超导磁体另一项让人惊叹的设计是移除了薄而扁平的磁体超导带周围的绝缘体。在传统的设计中，超导磁体周围要由绝缘材料进行保护，以防止短路。而在这个新的超导磁体中，超导带完全是裸露的，科学家依靠 REBCO 更强的导电性来保持电流准确地通过材料。

负责开发超导磁体的麻省理工学院核科学与工程系泽赫·哈特维希（Zach Hartwig）教授介绍道，"当我们在 2018 年开始这个项目时，利用高温超导体建造大规模高场磁体的技术还处于早期阶段，只能进行小型实验"，"我们的磁体研发项目建立在这个规模基础上，很短的时间内就完成了全规模磁体的研发"。

"制造这些磁体的标准方法是将导体缠绕在绕组上，在绕组之间设置绝缘层来处理意外情况（如停机）产生的高电压"，"去掉这层绝缘层可以大大简化制造工艺和进度"，也为冷却或更多的强度结构留出了充足的空间。

哈特维希团队最后制造了一个接近 10 吨的磁体，产生了高于 20 特斯拉、稳定且均匀的磁场。磁体组件的尺寸略小，它构成了 SPARC 核聚变装置的甜甜圈形腔体。这个腔体由 16 块被称为"薄饼"的板块组成，每个板块的一侧都缠绕着螺旋形的超导带，另一侧则是氦气冷却通道。

哈特维希教授表示，"这是第一块规模足够大的磁体，探究了使用无绝缘层、无扭转技术设计、制造和测试磁体所涉及的问题"，"无绝缘层设计在大多数人眼里有很大风险，而且就算测试阶段也有很大的风险"，"当团队宣布这是一个无绝缘层线圈时，整个社区都感到非常惊讶"。

接下来的几个月里，哈特维希团队拆解和检查了磁体的部件，仔细研究和分析了来自数百台记录测试细节的仪器的数据。他们还在同一块磁体上进行了另外两次测试，通过故意制造不稳定条件，比如完全关闭输入电源，将设备的运转条件推向了极限，由此引发的灾难性过热被称为"淬火"，这是此类磁体运行过程中可能出现的最坏情况，有可能直接摧毁设备。

哈特维希教授说，测试计划的部分任务是"故意淬火一个全尺寸的磁体，这样我们就能在合适的规模和合适的条件下获得关键数据，以推动科学发展，验证设计代码"，"然后拆开磁体，看看哪里出了问题，为什么会出问题，以及我们如何进行下一次迭代来解决这个问题……最终结果证明这是一次非常成功的试验"。

研究人员一直在使用几种不同的计算模型来设计和预测磁体各方面的性能，在大多数情况下，这些模型在总体预测上都是一致的，并通过一系列测试和实际测量得到了很好的验证。但在预测"淬火"效果时，模型的预测结果出现了偏差，因此有必要获取实验数据来评估模型的有效性。

研究人员开发的模型几乎准确地预测了磁体的升温方式、开始淬火时的升温程度以及由此对磁体造成的损坏程度。实验准确地描述了正在发生的物理现象，并让科学家明白了哪些模型在未来是有用的，哪些模型并不准确。

科学家在测试了线圈各个方面的性能之后，还特意做了最糟糕的模拟，结果发现，线圈的受损面积只占线圈体积的百分之几。根据这个结果，他们对设计继续进行修改，预计即使在最极端的条件下，也能防止实际核聚变装置的磁体出现百分之几的损坏。这些极限测试进一步验证了实验中的超导磁体能够在各种极限场景下稳定工作。

正如实验结果显示，现有的超导磁体足够强大，有可能实现聚变能源，唯一的缺点是因其体积和成本巨大，可能难以实现商业化应用。但研究人员随后进行的测试表明，如此强大的磁体在体积大大缩小的情况下，仍具有实用性。高温超导磁体的测试成功使得每瓦特能量的聚变反应堆成本大幅降低，让核聚变技术商用化成为可能，也让人类离摘下清洁能源"圣杯"的终点更进一步！

能源革命未来可期

不论是全球应对气候变化，还是人类社会由信息化向智能化迈进，数字化、智能化、柔性化以及绿色低碳化已成为人类社会两大技术进步主轴，而能源体系变革将在其中发挥重要作用，能源革命未来可期。

无论是出于对能量密度高阶化的考量，还是遵循热力学第三定律，核聚变无疑都是人类社会未来能源发展及实现真正的能源革命的关键选择。在核聚变技术实现重大突破之前，光伏、风电等可再生能源将成为人类社会应对气候变化的重要选项，但其长周期过渡性特点明显，在长远的未来将成为人类主体能源结构的重要组成部分及核聚变的必要补充。

从人类科技进步的角度看，原子核内部（夸克等）是否还存在巨大能源尚待进一步的科学探索，人类对宇宙电磁和弱相互作用力的了解还很浅显，未来能源技术发展无限可期。

纵观全球能源技术发展动态和主要能源大国推动能源科技创新的举措，可以得到以下结论和启示：一是能源技术创新进入高度活跃期，新兴能源技术正以前所未有的速度迭代，对世界能源格局和经济发展将产生重大而深远的影响；二是绿色低碳是能源技术创新的主要方向，集中在传统化石能源清洁高效利用、新能源大规模开发利用、核能安全利用、能源互联网和大规模储能以及先进能源装备及关键材料等重点领域；三是世界主要国家均把能源技术视为新一轮科技革命和产业革命的突破口，制定各种政策措施抢占发展制高点，增强国家竞争力并保持领先地位。建立以储能为核心的多种绿色能源互补体系是第三次世界能源转型的发展方向，储能、绿色能源、能源智能网等领域的技术突破将是能源转型成功的关键，先进核能技术、CCUS 技术的创新将带来长期收益，而可控核聚变的技术突破与商业化将引发新的能源革命。一旦可控核聚变技术实现突破和大规模商业化，人类现有的用能结构将会发生颠覆性的变化。

Navigating the New Era of Discovery

第二部分

新大航海时代的创新迭代

新大航海时代下，全球发展的创新与展望。

Navigating the New
Era of Discovery

Navigating the
New Era of
Discovery

第 6 章

新大航海时代的探险:
太空探索与星际远征

开启无限未来，太空探索的时代价值

　　人类对日月星辰的关注和记载、对宇宙和太空的探索，经历了从肉眼观星到望远镜观天，再到航天器远征太空，这种探索贯穿于不同地域、不同时期、不同繁荣程度的文明中。探索太空是人类的求知欲和求生欲叠加的必然结果，二者叠加形成了人类探索太空的强大驱动力。最初人们关注日月星辰的运转是为了辨识天气和回家的方向、确认农耕时间等；如今我们关注太空，是为了保护地球免受小天体的袭击，开发和利用太空资源乃至实现星际移民。宇宙探索不仅推动了人类对宇宙的认知，扩大并深化了人类的认知对象，而且改变了人与宇宙的关系，革新了人类的思维方式和科学研究的方法，并进一步印证了世界的可知性，对科学技术和哲学发展乃至人类社会的进步产生了巨大影响。

　　首先，太空探索推动了人类对宇宙的认知进程，扩大了人类所能认识的宇宙的时空范围，丰富了人类的认知对象及认知方式。数千年以前，人类只能认识地球表面的事物，而现今人类可以身处地球之外去认识太空的事物。太空探索改变了人类与宇宙的关系，将宇宙从原来纯粹的观察对象变为更具象化的探究对象，这为地球哲学向宇宙哲学转变提供了可能性；带动了科学技术的创新，提高了基础科技水平，促进了医学、农业、生物学等领域的深层次发展；拓展了科学研究方法，从根本上改变了人类进行科学研究的方式，特别开创了系统科学研究方法，天、地、人、生物、航天器被作为一个系统整体来研究，这是方法论上的一次重大突破和革新。

其次，太空探索带动了社会相关产业的不断革新发展，促进了全球经济发展、政治合作，并在以科技为依托不断探索宇宙的过程中，发展探索真理、不畏艰险的人类伦理精神。哥白尼冲破万难提出了日心说，正是日心说的创立，使自然科学正式成为一门独立学科。虽然人类早已知道地球与太阳都不是宇宙的中心，但我们必须认识到，今天人类对宇宙的所有了解，都是来自前人的不断求知与探索，来自人类的不断试错。将理论探析与实践观察相结合，以进一步感知宇宙未知文明；在太空探索中形成可贵的人文精神，为人类认知领域注入新的精神力量；这是对新大航海时代探索精神最好的诠释。

最后，宇宙探索能够在一定程度上减轻地球资源压力，从根本上增强人类发展的可持续性。随着科技的高速发展，人类急需解决资源短缺和环境恶化这两大难题。面对已经遭到破坏的地球环境和被浪费的资源，宇宙空间的开发逐渐成为新出路。探索宇宙可以缓解资源短缺与环境恶化现状；促使人类在宇宙探索中寻找新的空间，从而在空间层面减轻人口剧增带来的压力。此外，出于对地质方面的考虑，人类不得不对突如其来的天灾加以防范，探索宇宙有助于人类解决地球现存问题以及未来可能面临的危险。

太空探索新方向，开辟通往新纪元的道路

人类的太空探索是将大航海时代远征的探险精神与现代科技文明有机结合的又一次实践。

飞出太阳系：系外行星探索

现在，人类对行星和其他天体的直接研究还仅限于太阳系范畴。作为迄今为止飞行距离最远的无人飞船，"旅行者 1 号"和"旅行者 2 号"都已经逃离太阳风层并进入星际空间。不过，逃离太阳风层并不意味着两艘飞船已经飞出太阳系。所有这些任务极大地丰富了我们的学识，让我们进一步了解行星形成、太阳系以及地球的历史和演化。

最近几十年，哈勃、斯皮策、钱德拉和开普勒望远镜以及凌星系外行星巡天卫星望远镜（TESS）发现了数千颗系外行星。这些发现激发了科学家对系外行星进行直接勘测的兴趣。与探索水星、木星、谷神星、灶神星和冥王星的"信使号""朱诺号""黎明号"和"新地平线号"一样，星际探索任务将充当地球与星际空间的一座桥梁，向地球传回遥远行星的图像和数据。

太空资源开发利用，开启太空采矿之旅

太空资源的开发与利用一直备受瞩目，同时也是大国间竞相展示本国先进科技的博弈场地。2022 年《世界能源统计年鉴》公布的数据显示，石油、煤炭、天然气在能源消费中占 82% 以上。同时，据相关数据显示，预计世界总人口在 2050 年达到 97 亿人左右，届时能源需求将比现今更为庞大，加之地球上的黑色金属、轻金属、贵金属等矿产资源极为有限，在日益增长的开发需求下地球资源将面临枯竭。在地球资源逐渐耗尽之际，开采近地星上的矿产资源已成必然趋势。太空资源包括水、稀有金属、燃料等资源，可以为地球提供新的能源来源，同时也可以推动人类在太空的探索和发展。

当下太空采矿有 4 个重点研究方向，即太空资源探测、采矿机器人平台设计与制造、太空采矿空间安全与资源原位利用以及太空资源勘探。以这 4 个研究方向为基础，逐步实现太空采矿发展的愿景。

为了开发太空资源，太空采矿已经成为备受关注的领域。太空采矿技术包括利用先进的机器人和无人驾驶飞船在太空中采矿、将采矿设备送到太空站上进行采矿等。无论采用哪种采矿方式，相关技术难题都需要重点关注：有效的太空运输系统将采矿设备送入太空，为此需要创新火箭设计方案，以降

低太空运输成本，同时提高其效率；有效的资源采集和处理技术，在太空中，重力和环境条件等因素与地球不同，需要创新采矿和加工方法，如机器人技术、抓取技术、精细化加工技术、新能源技术以及其他相关技术等；确保太空采矿的安全性，由于太空中充斥着特殊的危险，例如尘埃、辐射以及宇宙射线等，安全技术和装备如各种探测器、轨道盾构、太空服甚至是对太空船的微生物控制等都至关重要。

太空天文学：更先进、更强大、探索更远的宇宙

太空天文学是研究宇宙中的天体和宇宙学的学科。随着科技的不断发展，天文学也在不断地向前发展，未来的天文学将会面临更加广阔的发展空间，人类将会继续探索更远的宇宙，探究宇宙的奥秘，发现更多的星系和行星，以及更多的生命可能性。太空天文学也是支撑人类太空远征、探索更远的宇宙的核心学科之一。

● 望远镜技术将不断进步

未来的望远镜将会更加灵敏、更加强大，能够观测到更远的星系和更暗淡的天体。此外，望远镜也可能会使用更多

的红外线和微波技术，以在更远的距离上观测到星系和行星。望远镜也会采用其他创新技术，如光学干涉技术和激光干涉技术，以提高望远镜的分辨率。这些技术可以将多台望远镜组合成一台更大的望远镜，以获取更高分辨率的图像。此外，望远镜的尺寸也将会越来越大，以提高其观测能力。

● 未来的探测器将会更加先进

未来的探测器能够在更远的距离上探测到更多的天体。例如，未来的探测器可能会使用更多的红外线和微波技术，以在更远的距离上探测到更多的星系和行星。此外，未来的探测器还将使用更加先进、更加灵敏的光学技术，如自适应光学技术，以提高其分辨率，探测到更暗淡的天体。这些探测器还可能会使用更多的成像技术，如光子成像和电子成像，以获取更高分辨率的图像。

● 实施更加复杂的太空探索任务

更加复杂的太空探索任务将会探索更远的宇宙，发现更多的星系和行星，以及更多的生命可能性。例如，未来的太空探索任务可能会探测更远的星系和行星，以寻找可能存在的外星生命。此外，未来的太空探索任务还可能会探测更多的恒星和黑洞，以研究它们的性质和演化。这些任务还可能探测更多的星际物质，以研究宇宙的起源和演化。

- **大数据处理和分析技术不断加持**

  随着望远镜和探测器的进步，人类将会获得更多的太空数据。未来的数据处理和分析技术将会更加先进，能够处理更大规模的数据，分析更多的天体和现象。例如，未来的数据处理和分析技术可能会使用更多的人工智能和机器学习技术，以帮助科学家更好地理解和认知宇宙，包括对天体和现象进行自动识别和分类，以帮助科学家更好地研究它们的性质和演化。

太空探索，为改善地球环境提供新思路

太空环境对于太空探索和人类健康都有着重要的影响，人类在进行太空远征的过程中，需要对太空辐射、微重力和太空垃圾等问题进行研究，以更好地保护太空探险家的健康和太空环境的可持续性。

- **太空探索为环境科学研究提供了独特的视角**

  通过卫星和航天器，科学家可以从太空的高度观察地球，获得全球范围内的环境数据。太空探索提供了一种全新的视角，使得环境科学研究可以更加全面和准确。

- **太空探索为环境科学提供了大量的数据支持**

  卫星和航天器携带各种仪器和传感器，可实时监测地球的大气、海洋、陆地等环境参数。例如，通过卫星观测陆地

表面的温度和植被覆盖情况，科学家可以研究全球变暖对
生态系统的影响。太空探索提供了大量的环境数据，为环
境科学研究提供了强有力的支撑。

- **太空探索促进了环境科学的国际合作**

  太空探索是一个高度复杂和昂贵的项目，需要各国共同合
  作才能实现。在太空探索的过程中，各国科学家和工程师
  需要共同解决技术难题，分享数据和研究成果。科学家们
  可以共同利用太空探索的数据和资源开展合作研究，共同
  解决全球范围内的环境问题。

- **太空探索为环境科学提供了技术创新的动力**

  太空探索需要各种先进的技术和装备，技术和装备的研发
  不仅推动了太空探索的进步，还为环境科学带来了新的工
  具和方法，提高了环境科学的精度和效率，为环境保护提
  供了新的手段和思路。

"太空 4.0" 时代星际旅行与太空探索的商业化

欧洲航天局前局长约翰·沃尔纳（Johann Woerner）认为，太空成
为海、陆、空之后人类活动的第四疆域，与太空探索有关的商业正处于
"太空 4.0" 时代。在 "太空 4.0" 时代，由政府主导、企业全面参与，
太空旅游业全面兴起，培育各种 "新主体" "新业态" "新经济"，航天

应用向社会经济生活的全面渗透，航天成为全世界大多数国家共同参与的领域。"太空 4.0"的代表特征就是"商业化"。

- **太空经济贡献**

  通信卫星应用领域、太空旅游业、航天金融保险业、航天能源开发与环境保护应用领域、公共安全领域、航天医疗健康领域等 6 大领域都因太空经济的带动实现了快速发展。

- **航天力量构成**

  一批私营航天企业迅速崛起。特别是在美国，一批企业已经占据了航天产业的主要领域，挑战了传统航天垄断企业的地位。在火箭制造和发射领域、遥感领域、载人航天领域、深空探测领域等，均有太空探索技术公司（Space X）、数字地球公司（Digital Globe）等实力雄厚的企业做支撑。

- **技术创新方面**

  商业航天的发展加快了一批新技术的突破：火箭及发动机可以多次回收和重复使用，3D 打印技术使航天器在轨维修有望实现，充气式太空舱将构建太空旅馆，亚轨道高超声速飞行将使洲际间的运输时间压缩到几十分钟甚至十几分钟。

- **商业模式**

  商业航天的发展催生了新业态、新生态。企业开始筹划并实施太空旅游、小行星采矿等太空活动，全球的商业航天产业目前正处于能力和市场的快速发展时期。以埃隆·马斯克的 Space X "星舰" 计划为代表的太空商业项目吸引了越来越多的企业与资本参与到商业航天的领域中。Space X "星舰" 计划的目标不仅仅是实现火星移民、月球旅行以及地球轨道运输等领域的突破，更是在探索人类在太空的未来，有望为人类开辟一条通向太空探索商业化新纪元的道路。

星际远征，探寻人类 "第二家园"

在浩瀚的宇宙中，地球是人类迄今所知唯一拥有生命的行星。随着近些年人口暴涨、气候变化、资源耗竭等一系列挑战的不断爆发，地球作为人类的唯一立足点已经显得越来越拥挤。而伴随深空探测技术的发展，在宇宙中探寻新的生命星球一直是人类太空探索的方向之一，以期发现在浩瀚星海中是否有宜居的类地行星可以成为人类的 "第二个家园"。

天体生物学家定义了宜居行星的概念。宜居行星拥有水资源的 "海洋行星"，宜居行星轨道的外侧伴随一颗或多颗主恒星，行星从类似太阳的恒星接收辐射能量。一颗宜居的行星包含多种要素，适合人类繁衍生息的宜居世界可能非常少见，人类不会选择在高生存风险的异域世界居住。地球是具有独特性的、宇宙史演变的产物，地球的大气和生态系统不一定在宇宙中普遍存在，人们很难想象，地球独特的生态系统随机或巧合地出现在任何其他行星上。迄今为止，尽管人类还没有发现绝对适合居住的星球，但是，在太空探寻适宜人类居住的第二家园，不仅是对大航海精神的传承，也是对人类潜能的一次激发，将推动科技的极大飞跃。

人类探索太空、寻找类地行星有很多意义。第一，帮助我们解释地球的起源和生命的起源，对寻找适合人类生存的星球具有科学价值；第二，通过探寻类地行星，探索新的资源为地球所用；第三，希望通过深空探测得到更多的信息，了解宇宙形成的原因；第四,万一地球上发生意外，人类的生存空间可以得到拓展，人类文明可以在其他星球上得到延续，体现共建人类命运共同体的价值和意义。

人类一直在努力寻找地外生命正在和曾经留下的印迹，寻找可能孕育生命的地外环境，然而至今，依然没有在太阳系内找到其他如地球般适合人类生存的星球。人类甚至开始将目光投向太阳系之外，但迄今为止发现大部分系外行星都是"热木星"或"迷你海王星"；对于少数位于宜居带内、可能存在生命的星球，人类仍面临着冲出太阳系的速度障碍，毕竟人类的双脚还未真正踏出地月系之外。如今面临的生存危机唤醒了人类骨子里的求知欲与求生欲，人类开始思考如何探索更多地球之外的资源、能源，如何在环境恶劣的地外天体上筑造人类新家园。这些挑战从科幻小说与电影中投射出来，成为当今人类科技发展和社会活动中切实存在的现实。

　　目前，对适合人类生存的类地星球的有关探索仍在进行中。无论是火星、土卫六，还是开普勒 22b，以人类现有的科技水平，已知有可能拥有宜居条件的行星还很少，而且有很多未知因素，比如行星大气组成和其他生命必需的条件等。人类既没有解决地球所有危机的能力，也没有离开地球定居地外星球的成熟技术。换言之，保护地球才是当务之急，也是人类的责任。作为地球的主人，人类在索取的同时也要懂得感恩，保护地球，也是在保护自己。

走向星辰大海绝不只是诗和远方，太空探索与星际远征在给人类带来丰富认知和充沛资源的同时，其面临的未知困难和挑战也如影随形。对此，人类要给予更多的关注，付出更大的努力，树立国家利益与人类利益相协调的观念，推动构建人类命运共同体。

Navigating the
New Era of
Discovery

第 7 章

**云时代与万物互联，
数字技术赋能新质生产力**

云时代：云生万物，云创世界

2006 年 8 月 9 日，谷歌首席执行官埃里克·施密特（Eric Schmidt）在搜索引擎战略大会上第一次正式提出"云计算"的概念。同样在 2006 年，亚马逊公司正式推出了弹性计算云（EC2）服务。

云计算是一个破天荒的概念，没人知道它会走向何方，外界甚至一度认为这是一个完美的"馊主意"。全球各大科技巨头却不这样认为，他们视云计算为改变社会的"通用目的技术"。亚马逊创始人杰夫·贝佐斯曾说："云计算服务是一粒种子，我们都知道它将来会成为大树。"

随着全球各大科技巨头陆续投身云计算，云计算也迎来了十多年的快速发展。从种子到萌芽，从投入到成长，再到逐渐成熟和广泛应用，从一个概念发展成为一个庞大的产业，云计算成为工业智能升级背后的基础设施，开启了人类的云时代。

云计算以通信和互联网等技术为基础、以数据为中心、以虚拟化技术为助力，融合多种数字技术，打造数字基础设施一体化云平台，为各行业数字化创新发展提供开箱式服务，并有效整合业务，应用底层资源，实现业务单元间协同共享，推动应用创新、产品创新、商业创新、管理创新、模式创新等不断涌现，云计算已经成为数字化变革和创新驱动发展的基石和底座。

Gartner 数据显示，2022 年，全球云计算市场规模约为 4 910 亿美元，增速达到19%，预计在大模型、算力等需求的刺激下，市场仍将保持稳定增长，到 2025 年，80% 的企业将关闭传统数据中心，从而转向云平台，2026 年全球云计算市场将突破万亿美元。中国云计算市场规模在 2022 年达到 4 550 亿元人民币，较 2021 年增长 40.9%，预计 2025 年中国云计算整体市场规模将超万亿元人民币。

随着全球进入 5G 时代，云计算不断与网络资源、边缘计算资源、端侧等融合，"云""网""边""端"协同发展、互为支撑，"云"自身走向云原生架构的升级与优化，对软件架构、智能技术、算力服务、管理模式、安全体系等带来深刻变革，逐渐演变为支撑经济社会数字化转型创新的数字基础设施技术底座。云计算已经不仅仅是一种普惠、灵活的基础资源，更是成为企业和个人的创新平台，可以多层次计算需要不断满足用户各类新型应用场景，助力企业开辟新蓝海、创造新体验、布局新产业，实现业务升级、运营提效和组织升级，从而实现"云"上成长。

物联网：万物互联，物物相息

2003 年，物联网开始被广泛接受。物联网是一个由连接设备、数字机器和用户组成的生态系统，具有唯一标识符和网络可传输性，无须人与人或人与机器的交互。通过互联网和通信网络，利用传感器、通信网络、软件、控制系统等，将日常用品、设施、设备、车辆和其他物品进行连接和互动，实现对现实世界的数字化和自动化控制。物联网改变了互联网信息全部由人获取和创建，以及物品全部需要人类指令和操作的情况，数据可以在系统之间实时无缝传输，从而最大限度地减少人为干扰，深远地影响了人类生产、生活的方方面面。随着不同行业和不同类型的物联网应用的普及和逐渐成熟，世界进入万物互联的新时代。

物联网正掀起一场技术重塑的革命，将使浅层次的工具和产品深化为重塑生产组织方式的基础设施和关键要素，深刻改变传统产业形态和人们的生活方式，催生出大量新技术、新产品、新模式。在生产领域，物联网不仅可以通过在产线上装配传感器和通信模块，动态感知设施、材料、人员的状态，实现生产过程的智能决策和动态优化，显著提升全流程生产效率、提高质量、降低成本，而且可以利用传感器获得的海量实时数据，结合平台侧的大数据分析、建模与仿真等技术，提供预测性维护、性能优化等服务，实现企业服务化转型。在工业转型升级过程中，越来越多的企业认识到物联网的通用性和重要性，物联网在工业领域也从局部突破到全面扩散，从提效增质到推动发展模式转变，带动生产和服务自动化进入新阶段，进一步解放从事生产的劳动力。

在生活领域，物联网技术与消费品行业跨界融合，以"微处理 + 连接芯片"为底层元器件架构的物联网终端产品的感知和连接能力不断提高，智能化水平不断提升，新产品、新应用不断涌现，智能可穿戴设备、智能家居、智能车载、智能无人机等产品规模体系不断壮大。物联网使智能生活不再局限于单一设备的单品智能，而是使多类设备智能联动，实现了消费者深度的智能体验。比如，物联网驱动的可穿戴设备和家用医疗设备，可以帮助医疗保健专业人员实现对患者的全天候医疗监控，不仅提升了医疗服务水平，而且释放了宝贵的护理资源。

在公共领域，以物联网为支撑的市政基础设施、智慧社区、智能建筑等赋能智慧城市建设，构建起大规模、全覆盖的信息采集网络，实现了对公共设施、车辆、人流等地上信息，供水、排水、电力、热力、燃气等各类管线运行状态等地下信息，二氧化碳浓度、空气质量等空中信息，以及水流、潮汐、水质等水中信息的全面实时采集，极大增强了城市感知能力。"城市大脑"汇聚物联网产生的海量城市感知数据，结合其他先进技术构建出城市运行状态的虚拟投影（数字孪生体），为城市高效管理和运行提供有力支撑，提升公共资源配置和科学决策水平，提高治理效能，开辟出一种城市治理新模式。

物联网产生的根本动力是寻找被忽视的数据和价值。正是这种动力，驱动物联网不断拓展应用的深度和广度。这种基于物的连接恰好能够更深入地切入使用场景，再结合大数据、云计算和人工智能等技术，实现对人与物、物与物之间关系的再定义，而物与物互联的规模将远远超过人与人互联的规模，使得万物互联、物物相息成为现实。

工业互联网：人机合一，全面互联

工业互联网是近年来发展迅速的新兴领域。2012 年，通用电气提出了"工业互联网"的概念，随后它与思科、IBM、英特尔和 AT&T 等其他巨头一起创立了工业互联网联盟（IIC），之后这一概念慢慢推广开来并为公众熟知。工业互联网利用互联网、物联网、云计算、大数据、人工智能等技术手段，将传统的工业领域与现代信息技术深度融合，通过对人、机、物、系统等的全面连接，实现设备和工厂之间的智能化连接、信息共享、协同效率提升，重塑工业生产与服务体系。

不同于物联网强调物与物的"连接"，工业互联网则是要实现人、机、物、系统等全面互联的新型网络基础设施，完成新一代信息通信技术与工业经济深度融合，构建起覆盖全产业链、全价值链的全新制造和服务体系，为工业乃至产业数字化、网络化、智能化发展提供实现的途径，催生出数字化研发、智能化制造、个性化定制、网络化协同、服务化延伸、精益化管理等新兴业态和应用模式，助力企业实现提质、增效、降本、绿色和安全发展。

工业互联网已经广泛应用于国民经济的各个部门，涉及原材料、装备、消费品、电子等制造业各大领域，以及采矿、电力、建筑等实体经济重点产业，实现了更大范围、更高水平、更深程度的发展，形成了千姿百态的融合应用实践。"黑灯工厂""无人工厂"不间断生产，"机器人同事"包揽重活累活，"透明化生产线"监测生产全流程数据，千里之外也能"一键炼钢"……越来越多颇具科幻色彩的场景走进工业企业的生产现实。

赛迪顾问发布的《2022—2023 年中国工业互联网市场研究年度报告》显示，2022 年中国工业互联网市场规模总量达到 8 647.5 亿元，同比增长 13.6%。赛迪顾问认为，以工业互联网为载体的新型工业和经济模式成为中国经济复苏的发力点。预计到 2025 年，中国工业互联网市场规模达到 12 688.4 亿元，预测增长率为 13.8%。同时，工业互联网平台筑基赋能作用凸显，平台市场成长迅猛，呈现特色化等趋势，在政策、需求等多项利好的基础上，通过连接赋能工业经济，加速推动企业数字化进程。赛迪顾问发布的报告从全球市场、中国市场等角度综合分析了工业互联网市场现状，对中国工业互联网市场未来发展进行了展望，且为厂商、用户和投资机构给出了前瞻建议。综合来看，无论是从全球市场还是中国市场发展来看，工业互联网都处在稳定增长阶段，软件与平台占比持续提升，技术不断革新。

通过人工智能技术与工业场景、知识的深度结合，工业互联网可以实现更加智能化、自主化的生产过程，在工业设计、生产、管理、服务等各个环节实现模仿或超越人类的能力，重塑产品规划、设计、制造、销售环节，为工厂、企业乃至整个产业链带来全新的发展机遇。

在工厂层面，工业互联网重构人、机、料、法、环等组成的生产制造环节，打造数字化柔性工厂，打通用户交互、产品创意产生、个性化订单下达、产品模块部件匹配、自动化生产等环节，"量体裁衣"式的个性化生产成为现实，使工厂运转更加高效。在企业层面，工业互联网推动实现生产服务化，产品发展为智能互联产品，在交付产品之后仍可以与客户保持服务型关系，通过远程感知和分析产品的运行数据，为用户提供维护、预警、保养等附加工业服务，挖掘新的盈利点，从制造商转变为运营商。在产业链层面，工业互联网实现工业全产业链的有效链接，包括土地、资本、劳动力、技术、管理、数据等所有生产要素，一方面推动产业链上下游企业之间的深度合作和垂直整合，另一方面随着新一代信息技术在制造、能源、交通、医疗等行业的深度应用，推动跨行业领域融合，带来革命性的产业变革。

能源互联网：能联全球，零碳世界

> 现代社会之自由大厦是建立在不断扩大的化石燃料基础之上的，到目前为止，我们的自由绝大部分都是用高能耗换来的。

> ——迪皮什·查克拉巴蒂（Dipesh Chakrabarty）
>
> 美国历史学家

能源是人类社会赖以生存和发展的基础，现代文明形态以依赖化石能源为前提。面向未来，人类的首要任务就是要转变过度依赖化石能源的发展方式，消除大量碳排放对人类生存的长期威胁，从能源开发源头实现能源的清洁低碳供应，使人类的能量来源转向取之不尽、用之不竭、零排放、无污染的清洁能源。

2011 年，美国学者杰里米·里夫金（Jeremy Rifkin）在其著作《第三次工业革命》中预言，以新能源技术和信息技术的深入结合为特征，一种新的能源利用体系即将出现，他将之命名为"能源互联网"。2014 年，中国提出了能源生产与消费革命的长期战略，并试图以电力系统为核心主导全球能源互联网的布局。

2015 年 9 月 26 日，国家领导人在纽约联合国总部出席联合国发展峰会并发表重要讲话，探讨并倡议构建全球能源互联网，推动以清洁和绿色方式满足全球电力需求。2016 年 3 月，国家电网有限公司发起成立全球能源互联网发展合作组织（GEIDCO）成立，这是中国在能源领域发起成立的首个国际组织，也是全球能源互联网的首个合作组织。

全球能源互联网是各类能源转换利用、优化配置和供需对接的枢纽平台，是清洁主导、电为中心、互联互通、多能融合的现代能源体系。清洁主导即清洁能源逐步取代化石能源成为主导能源，清洁能源发电逐渐成为装机和电量主体。电为中心即清洁电能替代煤、油、气，成为能源消费的主体，电力系统成为能源体系的核心，全社会电气化水平大幅提升。互联互通即以电网为主要载体推动能源网络广泛互联，利用时区差、季节差、资源差、电价差，实现清洁能源优化配置和高效利用。多能融合即"风光水火核"多能互补、"电氢冷热气"互通互济、"源网荷储"协调联动，各类能源、各个环节协同融合发展。

能源生产呈现陆、海、空结合，多类型、全空间、与环境充分协调的清洁能源开发新格局。能源来源以太阳能、风能为主体，水能、海洋能、地热能、生物质能为补充。大陆上，太阳能和风能将得到充分开发，大型能源生产基地主要分布在环境恶劣的荒漠戈壁、极地等地区；分布式能源生产系统与建筑、道路等设施紧密结合，不额外占用土地。海洋中，近海风电得到大规模开发利用，潮汐能、洋流能等海洋能也在适宜地区得到充分开发。太空中，距离地面几百至几千米的高空风能同样具有功率密度高、风速稳定等优点，可以在空域不受限制的地区获得应用；空间太阳能电站不受昼夜、天气、地区纬度等自然因素影响，而且电力传输灵活，为改善电力能源结构及供电方式提供了创新方案。

能源配置呈现能源传输、信息交互、交通运输等多网融合统一的格局。在地理尺度上，跨洲公路、光缆、远距离输电线路将得到整体规划建设，形成洲际、跨国综合通道。在城市尺度上，电力系统将与通信、燃气、供热、给排水等市政公共服务系统高度融合，结合地面交通线路路径与地下管廊铺设，使人居环境透明化。从传输方式上看，电网传输仍将是能源配置环节的核心网络；液化氢气配送管网、大容量氢能船舶运输与电力管网相结合，形成互补配合的一体化配置网络；针对太阳能空间站，以及偏远地区、受灾地区和重要设施等，可使用无线输电技术进行定向供电或移动供电，作为有线电力网络的重要补充。

储能系统成为未来能源系统中战略性支撑部分，平抑可再生能源发电的间歇性和随机波动性，缓解高峰负荷供电的需求，提高电网运行效率，并有效应对电网的突发性故障，提高电能质量。储存能源类型主要以电力、氢等二次能源为主。在高比例清洁能源系统中，不同环节、不同应用场景对储能的技术需求各不相同，发挥的功能也各有侧重。在储存设施配置环节中，用户侧储能最多、发电侧次之、电网侧最少，三者共同构成金字塔型的储能体系。

能源调度呈现信息物理深度融合的态势。基于移动互联网、物联网、大数据、云计算、人工智能等先进信息技术的发展和创新应用，能源信息系统可以对能源物理系统中各种设备的运行状态进行感知、判断、决策和控制，通过全面运行状态感知、安全态势量化评估、广域智能协同控制、全域自然人机交互，实现能源供需的实时匹配和智能响应。

终端能源利用呈现以电为中心，"质－能"灵活转换、"多能"互补协调的格局。用户既可以直接消费电能，或使用绿氢、甲烷等电制零碳能源，又可以直接利用太阳能热、生物质等能源。未来，清洁能源产生的廉价电力可以作用于空气和水等自然要素，以生成生产原料，实现从"能量到物质"的转换，通过电制氢、电制氨、电制甲烷等技术从根本上改变人类利用自然资源的方式，即从开采有限的资源转变为人工合成无限的资源。在居民生活领域中，可以直接利用电力与太阳能，生物质能等异质能源系统协调规划、优化运行、协同管理和互补互济，在满足多元化用能需求的同时有效提升能源利用效率。

终端能源接入方式由有线接入拓展至无线化、无接触化接入。各类中小型电气设备不再通过有线方式连接充电，而是主要通过无线传输设备获取能源；大型飞机船舶可以通过更便捷的方式在停泊位置无线取电；车辆可以通过道路中的无线充电设施，在行驶中获取能量；无人机等小型空中设备甚至可以随时通过附近的无线设备于空中充电，获得无限滞空能力。

终端能源利用模式呈现出交互化、动态化的特点。能源系统的使用环节与其他环节形成有机整体、双向互动。各种智能用电终端将会根据发电资源出力曲线自动安排运行与停机乃至反向补充电力，与整个能源系统的运行实现深度融合，可控协同性大幅提高。例如，交通用能可根据实时负荷，动态调整使用强度，充放电状态；建筑的智能能量管理系统对其自身的能源消耗和生产进行智能调控，为外部能源系统提供需求响应等服务，呈现出内部融合、智能控制的态势。

卫星互联网：陆海空天，永不失联

卫星互联网是基于卫星通信技术实现互联网接入，为地面、海上、空中等全球范围内的用户提供灵活便捷的宽带通信服务。通俗理解就是，地面基站被搬入太空中的卫星平台，每颗卫星都是太空移动基站，通过大规模部署卫星组成一个实时互联的网络，从而为全球范围内的用户提供高带宽、灵活便捷的互联网接入服务。

卫星通信从 20 世纪 60 年代开始发展，而卫星互联网的发展历史可以追溯到 20 世纪 80 年代。1987 年，摩托罗拉公司的三位工程师提出了铱系统的构想。随后，摩托罗拉公司主导建设了全球卫星移动通信系统，该系统由 66 颗卫星组成，历时 12 年，耗资 50 多亿美元。虽然该系统在正式开通运行 16 个月之后，因不堪重负的债务而结束了使命，但是铱系统引发了一场通信方式的深刻革命。

目前，卫星互联网应用的主要载体为宽带卫星通信系统，包括高轨宽带卫星通信系统和中、低轨宽带卫星通信系统。其中，高轨宽带卫星通信系统定位于地球同步轨道，提供宽带转发器，覆盖固定区域，利用在覆盖区域内部署的卫星终端，为用户提供数据服务；中、低轨宽带卫星通信系统定位于近地轨道或中轨道，具有全球覆盖的特点，可为用户提供按需、泛在的互联网接入服务。目前的卫星互联网主要是指利用地球低轨道卫星实现的低轨宽带卫星互联网。

近年来，以高频段、多波束和频率复用为技术特征的高通量卫星技术日渐成熟，该技术将卫星通信速率提升了十倍以上。随着新技术的发展，低轨高通量卫星星座因具备延时更短、路径损耗更小的优势，逐步兴起并成长为主流。低轨宽带卫星互联网具有"低时延"、"可靠传输"和"全球无死角覆盖"的优势，为天网、地网一体化融合提供了有利时机和条件，加速了全社会迈向数字化通信时代的步伐。

近年来，全球在建或规划的低轨卫星星座近 300 个，星链、一网、柯伊伯系统等宽带星座计划正加速推进。其中，最具代表性的是 SpaceX 公司的星链计划。2024 年 4 月 13 日，SpaceX 进行了第 155 批星链卫星发射，累积发射了超过 6200 颗星链卫星。2023 年 2 月，欧洲议会通过了 IRIS2，旨在到 2027 年部署一个欧盟拥有的通信卫星群。中国、俄罗斯、日本、印度、韩国等国家也纷纷布局星座建设。

全球卫星通信产业市场空间已超千亿。据美国卫星工业协会（SIA）数据，2021 年全球通信卫星产业市场规模达 1 822.8 亿美元，同比增长 24.6%。美国投资银行摩根士丹利发布的《太空：投资"终极疆域"》报告称，预计到 2040 年，全球太空经济的价值将达到 1 万亿美元。预计卫星互联网将占市场增长的 50%，在最乐观的情况下将达到 70%。

中国低轨通信卫星发展布局呈现快速发展态势。2020 年 4 月，卫星互联网首次被纳入"新基建"范围，与 5G、物联网、工业互联网一起并列为空间基础设施，上升为国家战略性工程，成为中国空天地一体化信息系统的重要组成部分。

有了卫星互联网，就意味着天上成百上千颗卫星时刻提供宽带通信服务，能实现在任何地点、任何时间接入互联网，即使身处荒漠戈壁或深山，仍然可以尽情地上网"冲浪"，与世界"永不失联"。传统地面通信骨干网在海洋、沙漠及山区偏远地区等苛刻环境下，铺设难度大且运营成本高，从场景应用的角度来看，卫星可有效解决偏远地区、极地、沙漠、无人区、海洋、航空等长尾场景下用户的互联网接入服务问题，在任何地点、任何时间提供全球通信、无缝连接服务。

未来，卫星互联网是云时代的关键一环，也是实现天地融合、万物互联的关键，还是 6G 网络的重要组成部分。人类在 6G 时代将进入泛在智能化信息社会，并融合通信、计算、感知、智能等技术，建立起陆、海、空、天泛在移动通信网，实现天地一体的"智能泛在"网络。在产业领域，卫星互联网能够解决地面基站无法触及的问题，实现偏远地区电力巡检，并与自动驾驶领域结合，增强车辆感知能力、推动移动终端直连卫星、提供物联接入、赋能工业。在交通领域，卫星互联网为汽车提供实时导航、高清地图、车联网等服务，提升交通效率和安全性。在农业领域，卫星互联网通过遥感技术监测农作物生长状况、土壤湿度等信息，实现精准农业和智能农业管理，提升农业生产效率。在教育领域，卫星互联网为偏远地区和发展中国家提供互联网接入，促进在线教育的发展，使位于大山深处的孩子能够接受远程教育，为这些地区的教育行业创造更多机会。在医疗领域，卫星互联网通过远程医疗服务，实现医生远程诊断、远程手术等，解决医疗资源不均衡问题，让地处偏远地区的患者也能接受优质的远程医疗。卫星互联网还可以为应急通信提供支持，帮助应对自然灾害、突发事件等紧急情况。

智慧共享
Navigating the New
Era of Discovery

在云时代，大量数据汇集云端，为人工智能发展提供基础，引发各类大模型竞争风起云涌，带动软件部署模式创新，成为承载各类应用的关键基础设施，进而推动"AI+Cloud"成为通用计算平台，构建起传输、存储、计算、分析、自我学习、应用、再传输的闭环生态，实现终端与边缘计算的高效结合，为物联网、工业互联网、能源互联网、卫星互联网等新兴领域发展提供基础支撑，实现万物互联、云生万物。

Navigating the
New Era of
Discovery

第 8 章

"链" 接世界: 区块链驱动下的
社会网络重塑

区块链：重构文明线性思维

蒸汽机释放了人们的生产力，电力解决了人们基本的生活需求，互联网彻底改变了信息传递的方式。如果说互联网为人类带来了一个信息碎片化的时代，那么区块链则是在重构文明的线性思维。区块链和比特币在技术上的突破、对人类社会协作关系的改变、对社会网络的冲击，这些都是显而易见的。区块链技术被认为是继蒸汽机、电力、互联网之后又一颠覆性的核心技术。

数千年来，人类不断探索信息传达的过程，信息的传达经常被空间局限、被距离阻隔。在口语传播时代，信息只能传达到身边人的耳朵里，或者通过结绳记事来记录和传达；到文字传递阶段，人类经历了通过石壁、石器、甲骨、竹简传递文字信息；在印刷术发明之后，人类掌握了复制文字信息的技术，信息传播效率显著提升。然而，传统的信息传递是单向、单链条的，传递过程中还极有可能产生谬误，信息互联网改变了这一切。

与信息传递类似，人类社会的互信起初只在少部分人中产生，如果信息足够充足和对称，互信的基础就十分牢固。区块链技术改变了互信社会的传递方式。区块链技术能够让网络中的每一个人天然互信，区块链数据是公开透明的，基于区块链技术防伪、防篡改等特性，每个人都可以在区块链网络中建立自己的诚信节点。在社会与技术的监督下，一旦"作恶"，将会迎来智能合约下的公开惩罚。久而久之，在利益与价值的趋同下，人们在潜移默化中，逐渐把建立自己的信用中心作为习惯，最终这种习惯将成为约定俗成的道德规范。

新大航海时代观

Navigating the New Era of Discovery

区块链技术正在引领全球新一轮技术变革和产业变革，推动"信息互联网"向"价值互联网"变迁。TCP/IP 协议让我们进入信息自由传递的时代，而区块链技术则将把我们带入互信时代，在这个时代里，利益趋同，讲信修睦是更重要的价值共识。因为信息互联网，人类社会已经发生了翻天覆地的变化；因为价值互联网，人类社会也必将迎来一场更完美的技术变革。TCP/IP 协议将信息互联网发扬光大，区块链的产生和成熟也将首先在法律、金融、合约等领域发挥功用，最终将构建出一个人人互信的社会。

区块链：重建信任社会

麦肯锡公司在一份报告中指出，区块链是继蒸汽机、电力、信息、互联网科技之后，目前最有潜力触发第五轮颠覆性革命浪潮的核心技术。作为一种构建信任的技术，区块链本质上是一种去中心化的分布式数据库，是分布式数据存储、多中心的点对点传输、共识机制和加密算法等多种技术在互联网时代的创新应用模式。目前，区块链技术应用已延伸到数字金融、物联网、智能制造、供应链管理、数字资产交易等多个领域，将引领全球新一轮技术变革和产业变革的新技术。区块链技术不仅可以提高效率，降低成本，还可以保护我们的数据和财产安全。区块链技术正以其独特的优势，开启一个信任的新时代。

通俗地说，可以把区块链比作一种分布式"账本"。传统账本由一方"集中记账"，记账权掌握在中心服务器手中。新式"账本"则可以在互联网上由多方参与、共享，各参与方都可以"记账"并备份，而每个备份就是一个"区块"。每个"区块"与下一个"区块"按时间顺序线性相连，其结构特征使记录无法被篡改和伪造。

举一个"借钱"的例子：同村的张三向李四借钱，随后通过广播告诉全体村民，村民经过点对点的交叉确认核实了这个情况，随后各自在自己的账本上记上一笔，这样一来，全村村民账本上都有了记载。按照时间顺序，这些记录可回溯，但不可篡改。这个例子体现了区块链单点发起、全网广播、交叉审核、共同记账的特点。

"链"动未来：区块链特性如何颠覆社会网络

在分析区块链改变人们生活和社会网络之前，总结归纳区块链的特点显得尤为重要。区块链的主要特点可以归纳为：点对点和去中心化，去信任和共识机制，时间戳和不可篡改，开放性和匿名性，跨平台和万物性等。

点对点和去中心化，更高效、更安全、更透明

几乎一切基础的、重大的社会运行模式都是围绕中心化来构造的，如中央银行、中央政府、集团公司等。对中心化和集权化的追求是权利更迭的动力，在一定历史阶段，也是推动社会发展和变革的动力。政府层面下的权利保障制度也是围绕中心化来行进的，如中央财政机构等。在中心化和集权化演进下的社会生活方式，也是以中心为圈子的，正如费孝通先生在《乡土中国》中描述的"差序格局"：以"己"为中心，像石子一般投入水中，和别人所联系成的社会关系，不像团体中的分子一般大家都立在一个平面上，而是像水的波纹一般一圈圈推出去，愈推愈远，也愈推愈薄。

区块链最大的技术特点是去中心化，与常规以中心为圈子的社会网络关系截然相反。区块链由大量节点共同组成点对点的网络，不存在中心化的硬件或中介。任何一个节点的权利和义务都是均等的，系统中的数据块由整个系统中所有具有维护功能的节点共同维护，且任一节点的

损坏或丢失都不会影响整个系统的运作。比特币的迅猛发展，已经充分证明了这种新的非中央银行围绕"中心"结算模式的强大力量。

去信任和共识机制，改变信任的构建方式

社会网络和所有的社会关系，从建立之初到发展形成，都是以信任为基础而产生的。一切有形的物体、无形的关系，都需要一个信用中介来起到担保作用，人类社会是建立在信用基础上的。例如，作为世界上最早的纸币形态，产生于北宋成都的"交子"本身没有价值，却是信用关系发展的必然结果，也是"货币的本质是信用"的重要例证。

对纸币的信任源自对交换中介——银行的信任。大部分交易和支付行为，都是在获取社会各种"信任"和"信用"。如果离开了"中介"这个权威的裁定和保障，货币交易、婚姻证明等重要事件将失去意义。正因为人们对"中介"的认同和信任，才让纸币有了价值、才让婚姻有了法律保障。区块链的发展，将使信任中介逐渐减少直至消失。区块链技术运用一套基于共识的数字算法，在机器之间建立"信任"网络，从根本上改变了信用的构建方式。利用区块链的算法证明机制，整个系统可以实现节点间的数据交换而无须建立信任机制。在系统指定的规则范围和时间范围中，节点几乎无法造假，节点之间也无法互相欺骗。

时间戳和不可篡改，降低欺诈的风险

比特币和区块链在技术上的突破，以及在人类协作关系上的突破，

都是有目共睹的，这种协作关系的突破也改变了原本的社会网络，不可篡改让社会网络的信任基础更加牢固。2009 年 1 月 3 日 18 点 15 分 5 秒，比特币创世区块诞生，创始人中本聪（Satoshi Nakamoto）在比特币创世区块上留下了一句话：The Times 03/Jan/2009 Chancellor on brink of second bailout for banks（2009 年 1 月 3 日，财政大臣正处于实施第二轮银行紧急援助的边缘），这句话是 2009 年 1 月 3 日《泰晤士报》当天的头版文章标题。当时英国财政大臣阿利斯泰尔·达林（Alistair Darling）被迫考虑第二次出手纾解银行危机。这句带有时间戳的话，不但清晰地展示了比特币和区块链诞生的时间，还表达了对旧技术体系的嘲讽，一个所谓"自由主义者拯救银行"的故事，就此拉开序幕。根据中本聪对区块链概念的叙述，时间戳服务是给区块中的数据项加上特定的时间戳，并广泛传播出去。

比特币和区块链诞生的时间被永久刻录在了区块链体系中。可以把区块链看作"全球账本"：一个新的经济基础设施，可以转移法定价值，消除银行对货币供应的控制。所谓时间戳和不可篡改，即区块链系统将通过分布式数据库的形式，让每个参与节点都能获得一份完整数据库的副本。在其他信息通过系统验证被添加到区块链之后，信息就会被完整和永久地保存，除非能同时控制整个系统中 50% 以上的节点，否则在单个节点上修改数据库是无效的。如果攻击者拥有网络中 50% 以上的算力，可以对区块进行伪造，并以最快速度重新计算，造成区块链的分叉，达到攻击的目的。因此，区块链的数据可靠性很高，且参与系统中的节点越多和计算能力越强，该系统中的数据安全性就越高。为了实现不可篡改，区块链系统采取的是完全冗余的策略，所有完整节点都有一份完整数据，如果想要更改某一个区块的数据，就必须修改所有完整节点的数据，这个情况几乎是不可能发生的，因此降低了欺诈的风险。

开放性和匿名性，保障交易方隐私

区块链的开放性指的是，整个区块链对所有人是开放的，除了交易各方的私有信息被加密；区块链的数据对所有人是公开的、高度透明的，任何人都可以通过公开的接口，查询区块链数据和开发相关应用。区块链的匿名性指的是，节点之间传输信息是不加密的，互相信任也不是传输的前提，因此，节点间无须公开身份，系统中每个参与的节点都是匿名的。参与交易的双方通过地址传递信息，即便获取了全部区块链信息也无法知道交易对方到底是谁，只有掌握了私钥的人才能打开自己的"钱包"。此外，在诸如比特币的交易中，为每一笔交易申请不同的地址，可以进一步保障交易方的隐私。

跨平台和万物性，赋予万物互联更多想象空间

区块链系统的网络节点，是基于共同的算法和数据结构独立运行的，主要消耗的是计算资源，与本身的平台或者载体无关，可以在任意平台布局计算节点。同时，区块链的技术和模式几乎都可以在未来的物联网上得以广泛应用，为万物互联提供基础的技术和账本。区块链的上述特征都极具颠覆性，可以延伸到政治、经济、社会和文化等各个方面，尤其是对社会网络、人与人的关系都产生了极为深远的影响。正如

20 世纪 90 年代互联网刚刚兴起时，没有人能预测到互联网对生活的颠覆和改变，今天的我们也无法预测区块链的跨平台和互联会在 20 年后对生活做出何种改变。通过基于区块链技术的比特币就能察觉出，区块链对现有金融体系、现有交易方式、现有生活方式带来了巨大冲击，赋予未来的万物互联更多想象空间。

区块链驱动的平行社会，实现真正的"数据民主"

区块链的迅猛发展，以及与物理世界的深度耦合和强力反馈，已经根本性地改变了现代社会网络，改变了生产、生活与管理决策模式，形成了现实物理世界与虚拟网络空间紧密耦合、虚实互动和协同演化的平行社会空间，催生了"互联网 +"和工业 4.0 的快速发展。未来社会的发展趋势，必将从信息物理系统（CPS）的实际世界走向精神层面的人工世界，形成网络 + 物理 + 人工的机—物—人一体化的三元耦合系统，即信息物理社会系统（CPSS）。目前，基于 CPSS 的平行社会已现端倪，其核心和本质特征是虚实互动与平行演化。

区块链是实现 CPSS 平行社会的基础架构之一，其主要贡献是为分布式社会系统和分布式人工智能研究提供了一套行之有效的去中心化的数据结构、交互机制和计算模式，并为实现平行社会奠定了坚实的数据基础和信用基础。就数据基础而言，美国管理学家爱德华兹·戴明（Edwards Deming）曾说："除了上帝，所有人必须以数据说话。"然而在中心化社会系统中，数据通常掌握在大型企业等"少数人"手中，为少数人"说话"，其公正性、权威性甚至安全性可能都无法保证。区块链数据则通过高度冗余的分布式节点存储，掌握在"所有人"手中，能够做到真正的"数据民主"。

就信用基础而言，中心化社会系统因其高度的工程复杂性和社会复杂性而不可避免地存在"默顿系统"特性，即不确定性、多样性和复杂性，社会系统中的中心机构和规则制定者可能会因个体利益而出现失信行为。区块链技术有助于实现软件定义的社会系统，其基本理念就是剔除中心化机构，将不可预测的行为以智能合约的程序化代码形式提前部署和固化在区块链数据中，事后不可伪造和篡改，从而在一定程度上能够将默顿系统转化为可全面观察、可主动控制、可精确预测的社会系统。

区块链技术面临的挑战：扩展性问题和隐私保护

区块链技术谋求质变突破的关键点在于解决扩展性问题和隐私保护问题。当前，区块链技术需要解决的核心难题包括扩展性、隐私保护、能源效率和法律法规等。其中，扩展性问题和隐私保护问题是当前区块链技术需要解决的最核心问题。

扩展性问题主要是指目前区块链技术在处理交易时存在性能瓶颈。传统的区块链设计要求每个参与者都必须验证每一笔交易，这导致交易速度较慢。举例来说，当大量的交易集中出现在验证过程中时，将会发生网络拥堵和交易确认时间延长等问题。区块链上的交易难以在短时间内消化庞大的交易吞吐量并保证交易确认速度。区块链的扩展性问题会进一步影响能源效率问题。当交易量增多时，运行一个区块链节点将需要大量的计算资源，这将增加参与者的成本。以比特币为例，由于比特币是基于工作量证明（PoW）机制的区块链，庞大的交易确认量需要消耗大量的能源来进行挖矿和验证交易。

另一个需要解决的核心问题是隐私保护问题。区块链技术中的隐私保护问题是指在公开的区块链上，交易和账户信息对所有人都是可见的，这可能会泄露用户的个人隐私和商业机密。从客户体验的角度来说，由于区块链交易记录都是公开的，无法实现匿名交易，导致用户在交易支付过程中始终缺少安全感。可扩展性不足以及隐私保护问题又进一步带来了两个问题：性能问题和能源消耗问题。性能问题是由于区块链的分布式性质导致扩容性较低，从而使得区块链的应用性能在不同场景下受到限制。例如，比特币的区块链每秒只能处理几个交易，这直接导致区块链在高吞吐量场景下很难真正实现广泛性应用，用户会感觉用起来更加复杂。另外，区块链的隐私性是基于共识机制，这种机制通常需要大量的计算能力并消耗大量的能源。例如，比特币的挖矿过程需要大量的电力。这不仅增加了区块链的运行成本，还对环境造成了负面影响。

未来将至，区块链将迎来"奇点时刻"

近年来市场对 Meta、元宇宙、Web3.0 的发展充满期待，数字经济的环境体系构建仍面临诸多关键问题与技术瓶颈。从当前发展路径来看，区块链技术在下一阶段的突破将对数字经济从量变到质变的发展产生重要影响。展望未来，区块链技术有望实现数字经济中点对点的交易方式，进而降低交易成本、提高交易效率，促进创新并创造商业机会。区块链技术的提升，也将大幅提高每笔交易的安全性和隐私性，助力数字经济发展中的风险控制；区块链技术还可以促进数字经济中的合作和共享经济模式的发展，通过智能合约和去中心化应用程序（Dapp），实现自动化的合约执行和去中心化的资源共享。

美好愿景的实现依旧存在诸多技术挑战和生态约束，而这也是谋求突破的方向。基于学术探索，我们总结了当前区块链技术发展面临的最大技术瓶颈，汇总了科学界和工业界通过核心解决方案应对这些挑战的尝试；在此基础上，结合核心解决方案在当前市场测试的情况，我们可以预估区块链技术实现飞跃式突破的"奇点时刻"。总之，未来将至，相信以区块链为代表的技术变革、人类经济社会的日积跬步，终将构成通往星辰大海的宏伟征途。

Navigating the
New Era of
Discovery

第 9 章

GPT, 人工智能发展历程中的
重要里程碑

人工智能的发展：并非一蹴而就，而是裹挟前进

在我们所处的数字时代，人工智能正成为推动科技进步和社会变革的强大力量。无人驾驶、智能手机、机器人客服等，无一不在展示着人工智能的巨大威力。人们现有的生活发生了巨变，呈现出科技大片照进现实的既视感。

然而，在人工智能技术刚兴起的时候，几乎难以察觉和预测它对当今技术的革命性影响。2016 年，谷歌 DeepMind 开发的 AlphaGo 击败围棋世界冠军，这件事只得到短暂关注，随后即从公众视野消失。2023 年，ChatGPT 以前所未见的方式吸引了全世界的关注。瑞银集团的报告显示，在 ChatGPT 推出仅两个月后，2023 年 1 月末的月活用户已经突破 1 亿，成为史上用户增长速度最快的消费级应用程序。与此相比，TikTok 达到 1 亿用户花了 9 个月，Instagram 则花了 2 年半。

人工智能从产生到销声匿迹再到爆发，这一波浪式的发展过程足以证明：任何新事物的崛起、新生态的完善和新趋势的形成，从来不是一蹴而就的，而是退二进三、裹挟向前的渐进过程。在人类社会从线下模式向线上模式加速进化的大背景下，人工智能已成为新质生产力的最重要组成部分。

人工智能到 GPT：逐步接近人类的思考模式

1950 年基于规则的人工智能，其发展主要基于手写规则，并且处理的数据有限。20 世纪 80 年代的机器学习找到了一些函数和参数，实现了对固定量数据的分类，比如区分猫和狗等特征非常明显的物体。1990 年直至 2006 年左右，神经网络的出现，尤其是卷积神经网络和循环神经网络的出现，逐步让人工智能像人脑一样学习，但需要研究人员提前标记数据、搜集反馈。从 2017 年开始，Transformer 的出现，让人工智能优化了人脑学习的过程，把机器学习系统提升了一个层次。人工智能越来越贴近人脑的思考过程，不断创造新的奇迹。

GPT 开启了人们的想象之门。这要归功于其广泛的实用性：这一工具具备理解自然语言并创造内容的"超能力"，几乎任何人都可以使用它。我们曾经认为，用计算机写文章几乎不可能实现。但 GPT 底层的神经网络在写文章上获得了前所未有的成功，虽然写文章实质是

"计算深度较浅"的问题，但使得类似于写文章的事情（处理语言）在"拥有一种理论"上更近了一步。GPT 这类工具的使用，无论其是实用的还是概念性的，近几个世纪以来使我们超越了"纯粹的无辅助的人类思维"界限，使人类能够探索物理宇宙和计算宇宙的边际。

真正让 GPT 发挥作用的思维法则

GPT 的成功，为一个基础而重要的科学事实提供了证据：我们仍然可以期待发现重大的、全新的"语言法则"，也就是"思维法则"。由于 GPT 是一个巨大的神经网络，法则是隐含的，如果能够让法则变得更加明确，则可以构造一个更明确的工具来做类似 GPT 所做的事情。

人类语言曾经被视为一个复杂的系统，人类大脑有 1 000 亿个神经元以及 100 万亿个连接，人类运用这些神经元和连接做到的一切，常常令人感叹造物之神奇。人们可能认为，除了神经元和连接之外，或许还存在尚未被发现的物理特性的某种载体。但 GPT 的问世，给了人们一个明确的新信息：一个连接数与大脑神经元数量相当的纯人工神经网络，就能够出色地生成人类语言。

为什么 ChatGPT 能在语言和人机沟通上取得空前的成功呢？正如计算机科学家斯蒂芬·沃尔弗拉姆（Stephen Wolfram）所判断的："因为语言比它看起来更简单。"这意味着，即使是具有简单神经网络构造的 ChatGPT，也能够成功捕捉人类语言的"本质"和背后的运算法则（见

图 9-1）。此外，在训练过程中，ChatGPT 已经通过某种方式隐含地发现了使一切成为可能的语言和思维法则。

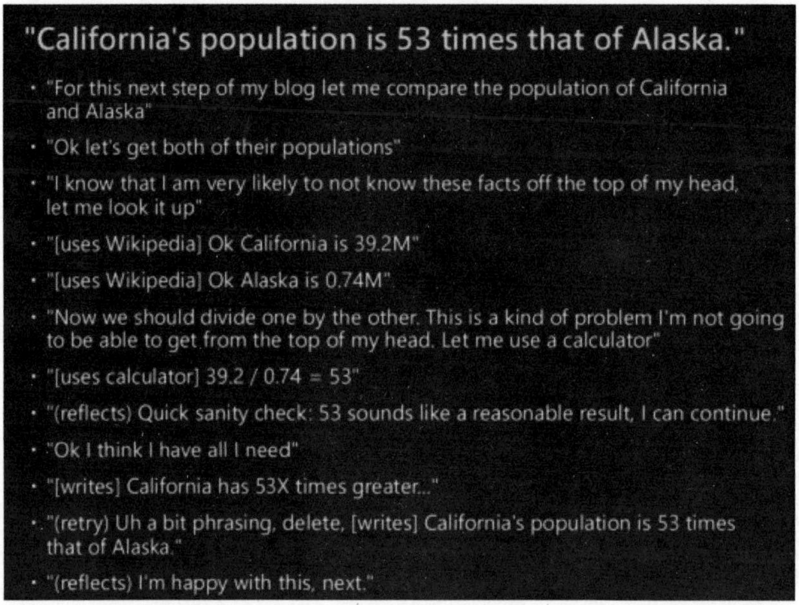

"California's population is 53 times that of Alaska."

- "For this next step of my blog let me compare the population of California and Alaska"
- "Ok let's get both of their populations"
- "I know that I am very likely to not know these facts off the top of my head, let me look it up"
- "[uses Wikipedia] Ok California is 39.2M"
- "[uses Wikipedia] Ok Alaska is 0.74M"
- "Now we should divide one by the other. This is a kind of problem I'm not going to be able to get from the top of my head. Let me use a calculator"
- "[uses calculator] 39.2 / 0.74 = 53"
- "(reflects) Quick sanity check: 53 sounds like a reasonable result, I can continue."
- "Ok I think I have all I need"
- "[writes] California has 53X times greater..."
- "(retry) Uh a bit phrasing, delete, [writes] California's population is 53 times that of Alaska."
- "(reflects) I'm happy with this, next."

图 9-1　与 ChatGPT 的对话

资料来源：安德烈·卡帕西（Andrej Karpathy）2023 年的演讲《GPT 现状》（*State of GPT*）。

人脑和 GPT 的认知差异

人脑所做的思考，大都是一个经验选择的过程，并且避免计算不可约的选择。大脑几乎无法"想透"任何特殊程序的操作步骤，但有了计算机，就可以轻松完成耗时很长、计算不可约的任务。比如有了计算器，就可以非常快地得到十位数的运算结果，而人脑则无法"想透"这个结果。说到底，可学习性和计算不可约性之间存在着根本的矛盾。学习实际上是通过利用规律来压缩数据，但计算不可约则意味着最终可能存在的规律有一种限制。

人脑会通过思考、独白、以往经验等来寻求答案，而 GPT 的过程则更加单向。例如，当写一篇关于"加州的人口是阿拉斯加的 53 倍"的博客或文章时，人脑通常会经历丰富的内心独白，并结合相关资料和工具进行反复验证和纠错。然而，在训练 GPT 时，这些内容作为训练数据只是标记序列——所有内心独白、思考和推理过程都被剥离出去。GPT 会对每个标记花费大致相同的计算能力来读取这些标记序列，而人脑则会根据任务难易程度花费长短不固定的时间。从本质上讲，GPT 只是一个标记模拟器。

GPT，人工智能的不断演进和创新

GPT 是 Generative Pre-Training 的首字母缩写，翻译成中文是"生成式预训练"。我们可以观察到，OpenAI 研发的模型，从 GPT-1 到 GPT-3，模型参数的数量一直在快速增加。人工智能的发展经历了若干阶段，从"规则型人工智能"（rule-based AI）到"判别式人工智能"（discriminative AI），再演变到"生成式人工智能"（generative AI）。这些阶段代表了人工智能在算法、学习方法和应用领域上的不断演进和创新。

- **规则型人工智能**

20 世纪 60 年代 AI 技术刚出现，这一时期的 AI 运算逻辑，
主要是通过事先定义的规则和逻辑，通过逐步推理和匹配
规则来解决问题。使用这种方法的代表是专家系统，1970
年代开发的 MYCIN 系统是其中的典型代表。MYCIN 系统
可以帮助医生对血液感染患者进行诊断并选用抗菌素类药
物，它使用了大量规则来诊断细菌感染。但是，事先制定
的规则是先入为主和由机器制定的，并且缺乏通用性和灵
活性，无法适应更加复杂的场景。

- **判别式人工智能**

进入 20 世纪 90 年代，AI 技术开始关注在输入数据中学习
特定的模式和规律，再进一步对模式和规律进行分类、识
别和预测。尽管近年来，深度神经网络（DNN）的出现让
判别式人工智能在语音识别、图像识别、自然语言处理等
领域取得了突破性进展，但它较大的局限性是尚不具备产
生新数据的能力。

- **生成式人工智能**

这个阶段可以追溯到 2014 年，当时生成对抗网络（GAN），
引发了人们对生成式人工智能的广泛讨论和关注。GAN 由
一个生成器和一个判别器组成，通过两个神经网络相互博
弈的方式生成学习模型。生成式人工智能最大的特点和进

步是，GAN 能够在不使用标注数据的情况下，生成任务的
学习。GAN 在图像生成、文本生成、音频生成等领域取得
了重大突破，人工智能能够以更具有创新性的方式完成指
定任务。

人工智能：显著提升生产率 25%

2022 年 12 月，全球对于生成式人工智能的搜索次数比 2022 年年
初高 8 倍。根据彭博的数据，2022 年生成式人工智能行业的全球市场
收入达到 400 亿美元，并以 40% 的年平均增长率迅速上升，预计到
2032 年，这一数字将增加至 1.3 万亿美元。OpenAI 基于生成式人工智
能技术研发的聊天应用 ChatGPT 迅速被人熟知，并且其升级版在全球
内突破性实现了大规模个人用户付费订阅的商业模式。

巨大的增长力吸引了全球投资者的目光（见图 9-2）。截至 2023 年
一季度，全球有近 400 家生成式人工智能行业初创企业获得了私募股权
或风险投资的注资。这些初创企业涵盖了人工智能价值链的各个环节，
包括基础模型、行业模型以及不同模态的具体应用，如生成文字、生成
代码等。

人工智能在提升行业生产效率和促进产品创新方面，具有无可比拟
的优势，预期未来将颠覆全球各行各业的现有格局。根据麦肯锡的测
算，人工智能技术对全球经济的潜在影响在 17.1 万亿～ 25.6 万亿美元

之间，相当于使生产率增长约25%。其中，生成式人工智能的影响相
当于当前全球经济的8%。增长的来源既包括人工智能本身为企业带来
的收入增加和成本优化，还包括人工智能推动全行业生产效率提升所带
来的潜在经济价值。

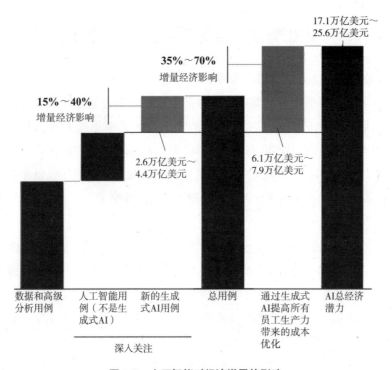

图 9-2　人工智能对经济增量的影响

资料来源：麦肯锡。

GPT 或成为人工智能的拐点

OpenAI 开发的人工智能聊天机器人程序获得了空前关注，在 2022 年上线不到一周的时间里，用户量就突破了 100 万。比尔·盖茨评论："ChatGPT 人工智能技术出现的历史意义，不亚于互联网和个人计算机的诞生。"

GPT 技术（见表 9-1）的一大核心理念是**用最简单明了的自回归生成架构来解决无监督学习问题**，也就是无须特意标注原始数据，学习其中对世界的映射。自回归生成构架，就是非常通俗的"一次只增加一个词"。选择这种构架并不是为了做任务，而是为了理解或者学习，以实现模型的通用能力。

在 2020 年之前甚至近几年，业界很多专家想当然地认为 GPT 的任务是生成，这与之前出现的新技术无异，但他们忽视了 GPT-1 相关论文的标题是"通过生成式预训练改进语言理解"（*Improving Language Understanding by Generative Pre-Training*）。无论是 ChatGPT 还是 Midjourney，都属于人工智能创造内容（AIGC）。

基于 GPT-3 的 ChatGPT，其总体目标是根据所接受的训练（梳理、分析来自互联网数十亿页文本等），以"合理"的方式续写文本。ChatGPT 的操作基本分为 3 个阶段。第一阶段是获取与目前文本相对应的标记序列，并找到表示这些标记的一个嵌入（即由数组成的数组）。

第二阶段是以"标准的神经网络方式"对嵌入进行操作，值"像涟漪一样依次通过"网络中的各层，从而产生一个新的嵌入（即一个新的数组）。在第三阶段，它获取此数组的最后一部分，生成包含 50 000 个值的数组，这些值就成了下一个标记的概率。

表 9-1　GPT 系列基本情况

名称	发布时间	参数量级（亿）	预训练数据量	优势	劣势
GPT-1	2018 年 6 月	1.17	约 5GB	无监督学习，对高质量标注数据的要求较低	数据具有一定局限性
GPT-2	2019 年 2 月	15	约 40GB	开源，使用了更大的数据集，用海量数据和参数训练的模型可以迁移到其他任务中	无监督学习能力有待提升
GPT-3	2020 年 5 月	1 750	约 45TB	支持海量数据，可以在使用少量样本的情况下，完成代码编写等任务	训练语言存在偏见，模型受限
ChatGPT	2022 年 11 月	—	—	引入人类反馈强化学习技术，可以进行持续对话	计算能力有待提升

这 3 个阶段的每个部分都是由神经网络实现的，其权重是通过对神经网络进行端到端的训练确定的。这意味着，除了整体架构是事先设定的，其他所有细节都没有被明确设计，一切都是从训练数据中"学习"而来的。

人工智能：科学的开拓和工程的创新

> ChatGPT 既没有特别创新，也不具备革命性，
> OpenAI 只是把已有的研究变成了工程应用，包括底层
> 的 Transformer 算法、自监督训练、微调等做法，都
> 已经存在，并非原创。ChatGPT 只是将这些能力叠加，
> 利用基础模型带来泛化能力，实现了质变。
>
> ——杨立昆（Yann LeCun）
> 人工智能科学家

虽然人工智能和 GPT 并不是纯粹的科学创新，但是其技术极大地改变了人类的生活，使经济效益的提升呈几何级数增长。纵观科技发展的历程，瓦特改良了蒸汽机从而大大提高了生产效率，谷歌并非搜索引擎的首创者，苹果公司并没有发明手机，但他们对科技的应用大大影响了人类经济社会的发展。

科学发现是金字塔的基座，能为技术打下坚实的基础；但科学距离普通人的生活还很远，而工程和技术的发展可以直接作用于企业产能的提高、直接面向普通人的生活。

人工智能：另一个视角看未来

第一次工业革命使人类文明进入了蒸汽时代，第二次工业革命带来

了电气化时代，第三次工业革命带来了信息化时代，第四次工业革命则催生了利用信息化技术促进产业变革的时代，人工智能是第四次工业革命的典型代表。

　　人工智能开启了无穷无尽的想象空间。人工智能卓越的下棋技艺，ChatGPT 如同人类一般的对话，使得有些人认为人工智能无所不能，也有人开始担忧未来人工智能会替代人类。实际上，当我们冷静下来，会发现问题的关键在于人工智能可以发展到什么程度。被认为是模拟人类的、最容易替代人类的机器学习、深度学习、增强学习所依托的神经网络，几乎完全隐去了巨大的人机差距。这个差距就是，机器在单一维度上是超常运算的结果。人工智能的“智能”，是一种机械性、程序式的学习，在模仿人类的思维法则和程序方面，人工智能几乎不可能突破人类的“意识”，只有在它能突破“意识”的那一天，才会发生人们担心的事：人被机器替代甚至奴役。

　　同时，我们也应注意到，AlphaGo 在最开始学习围棋的时候，参考了人类围棋高手的棋谱，但后来发现，人类的围棋经验会把它教“坏”。于是，升级版的 AlphaGo Zero 不再使用人类对弈数据，反而变得更厉害了。AlphaGo Zero 真有没有掌握一点儿人类下棋的经验吗？如果是真的，那就太让人沮丧了。人类几千年来摸索出的对弈经验被证明是拖后腿的东西，一个算法高明且算力充沛的机器靠自我反馈就能摸索出围棋这门技艺的极限，围棋过去所承载的追求最优取舍之道的深邃哲思，似乎在意义的层面上消失了。

　　我们害怕的是，如果在将来的某一天，人工智能发现所谓的文学其实也不过是个数学问题，人类之前的写作经验也一样是拖后腿的东西，那些被视为不可替代且弥足珍贵的细腻情感，能够被人工智能轻易复现，然后流水线一样地呈现出震撼人心的伟大文章，那时文学就会陷入虚无，写作或许会变成一种宗教仪式般的行为。**文学沦陷之后就是音乐，音乐沦陷之后就是美术，总之人类那些不可名状又朦胧的表达，全都被视为数学问题，然后被人工智能一一破解。**

ChatGPT 被认为是"算法＋资本＋算力＋数据＋训练"的产物。它在技术水平上不一定高于其他人工智能产品，但它问世和爆火的意义在于，为人类打开了一扇门，那就是高水平的大模型是可以"开箱即用"的。ChatGPT 实现了人工智能预先编程、草拟内容，并由人类进行修改的过程。在这个过程中，用户和它交互得越多，越能得到精准的答案，这些优势能拓宽 ChatGPT 的应用场景、提高它的使用效率。

Navigating
the New Era of
Discovery

第三部分

新大航海时代的
变与不变

新大航海时代下，人类世界衍变的内在本质与核心逻辑。

Navigating the
New Era of
Discovery

第 10 章

人性: 新大航海时代的永恒基点

人性，是指人的本性，既包括人的自然属性，也包括人的社会属性，是人的自然属性和社会属性的辩证统一体，共同体现在人类创新创造、人类社会发展和人类文明演进中，即使进入新大航海时代也是如此。为了全面把握新大航海时代的基本特征，着力破解新大航海时代的突出问题，充分调动新大航海时代相关群体的积极性等，现就人性的基本特点、主要表现和突出问题进行讨论，并结合当下人性的发展实际，提出相关政策建议。

人的 4 大社会属性：趋利、避害、自由、公平

由于人性既包括自然属性，也包括社会属性，并且是自然属性和社会属性的辩证统一体，所以其基本特点也就必然包括自然属性方面的和社会属性方面的，并且在资源相对稀缺时，呈现出不同程度的基本特点。在自然属性方面，人性主要体现为趋利和避害；而在社会属性方面，人性则主要体现为自由和公平。这样，其基本特点也就主要包括以下 4 个。

趋利：谋现有之利、未来之利、机会之利

人要生存和发展，并且满足各种需求，就要具有必要的物质基础、政治基础、社会基础和文化基础等上层基础；在资源、相对稀缺时，释放不同程度的趋利本性，可以是谋现有物质之利，也可以是谋未来物质之利，还可以是谋发展机会之利。即使地方和单位已经建立了各种规章制度以限制甚至禁止谋取私利，相关个人及群体也会通过各种技术手段去谋取私利。

历朝历代都坚持反腐倡廉，但为什么腐败屡禁不止？关键还是人之趋利本性使然，更何况那些规章制度只是限制，甚至禁止一部分人或群体获利。虽然马克思对资本的本性进行了深刻论述，但归根到底还是人借助资本手段满足趋利本性。

避害：人类发明创造的原动力

既然要趋利，必然就要避害，不仅因为有的可谋资源处于危险之地，而且因为人类在可谋资源上存在激烈竞争，如果处理不好这个问题，还可能受伤甚至失去生命，毕竟个人或群体的能力资源和水平都是相对有限的。因此，才有投入产出比之说。如果趋利大于避害，则相关个人及群体就会去谋利，否则就会去避害。而且，这种避害也是相对的，少数人可能要避害，但多数人则可能不是；一种解决思路或技术手段可能有用，另一种解决思路或技术手段则可能无用。所以，才会有为了避害而积极发明创造出来的工具，如避雷针等。

自由：人类永恒的终极追求

人在特定时空中存在和发展，必然受到不同程度的限制，既包括时间限制，也包括空间限制，还包括思想限制等；既包括自然限制，也包括人为限制，如组织限制、政策限制和制度限制等。那么，通过不时打破限制，人也就逐渐实现了自由。于是，相关个人及群体也就通过权力、金钱、关系和科技等方式，积极打破各种限制，努力实现经济自由、时间自由、交通自由、舆论自由和婚姻自由等，从而促进了旅游、航空、医学和传媒等方面的健康发展。人类追求自由的本性在现代各国宪法及其法律制度中有所体现和发展。在新大航海时代，互联网、人工智能等新一代科技的发展，使得信息获取更加方便、人员交流更加便利、人工替代更加可能，人类自由的程度有所提高。

公平：不患寡而患不均

由于人是社会性动物，并且要在各种社会组织中存在和发展，必然面临很多公平问题，如制度公平、分配公平和机会公平，毕竟任何社会组织拥有的资源都是有限和相对稀缺的。为此，中国逐渐形成了"不患寡而患不均"的传统社会意识，这种意识成为很多农民起义的主要导火索；西方发达国家在社会分配领域探索出了基尼系数和洛伦茨曲线这样的重要指标。在世界范围内，公平问题占据非常重要的地位，其中数字公平更是重中之重。根据国际电信联盟（International Tele-communication Union）发布的《2022 年事实和数据》（*Facts and Figures*

2022）报告，2022 年在最不发达国家当中约有超过 4 亿人在使用互联网，而 7.2 亿人仍然"离线"；最不发达国家人口仅占世界人口的 14%，但在全球"离线"人口中的比例达到了 27%。为此，2023 年 3 月 6 日，第五次联合国最不发达国家问题会议呼吁，在最不发达国家实现更包容和更公平的数字转型。

人性外显：4 大社会属性的 4 种主要表现

人性的基本特点必然会有所外显，特别是在面对一定关注对象和急需资源时：越关注、越急需，则表现越明显。趋利最终表现在经济获取上，避害最终表现在安全保障上，自由最终表现在科技创新上，公平最终表现在规则制定上。根据已有研究和新大航海时代的发展状况，下面对这 4 个方面做出如下解释。

经济表现，加快经济发展是破解自身问题的关键抓手

不管是直接趋利还是间接趋利，归根到底都是趋经济之利。趋利可以体现在从自然界趋利，也可以体现在从他人趋利、家庭趋利和其他组织趋利等人类社会趋利，还可以兼而有之。所以，加快发展特别是加快经济发展就成为世界各国破解自身问题的关键抓手，当然也成为发达国家和发展中国家增强实力的关键抓手，即使进入新大航海时代及中国特色社会主义新时代也是如此，更何况加快推进互联网、人工智能等新一代科技发明必须有大量经济投入，并将继续推动经济社会健康发展。

安全表现，新时代安全形势更加复杂严峻

避害的目的是实现自身安全，可以是经济安全，也可以是政治安全，还可以是文化安全、社会安全和生态安全等各种安全。对于自然界带来的各种危害，可以通过推动科技发展和做好积极防护等措施来逐步解决；而对于社会危害，则可以通过缓和关系和提高自身实力等措施来逐步解决。进入新时代以后，随着百年未有之大变局加速演进和中美战略竞争日益加剧，各种安全形势更加复杂严峻，即使是欧美各国，也都在不断扩大和泛化国家安全观念，甚至坚持打压各种竞争对手，最终催生某些冲突爆发。

中国人民解放军国防大学孟祥青教授指出，世界百年变局与乌克兰危机叠加，牵动全球安全格局加速演进；传统与非传统安全威胁相互影响，两大威胁同步上升、同频共振，导致地区动荡加剧；大国博弈、集团对抗明显升级，"亚冷战"格局初显端倪；"三霸"（霸权、霸道、霸凌）威胁上升，"四大赤字"（和平赤字、发展赤字、安全赤字、治理赤字）加重，安全问题的联动性、跨国性、多样性更加突出。国际社会新的脆弱点、贫困点和动荡源不断产生，全球安全问题进一步凸显并呈泛化趋势，安全形势更加复杂多变，人类社会面临前所未有的挑战。

科技表现，深刻认识科技创新的极端重要性

随着经验的积累、知识水平的提升和经济的发展等，技术开始产

生，并在欧洲文艺复兴及现代科学的影响下，开始与科学有效融合，进而不断促进人类对自由的积极拓展，这种拓展可以体现在对自然界的理解把握上，也可以体现在对人类社会及人体自身的理解把握上。新中国成立以后特别是改革开放以后，随着以互联网、人工智能等为主要标志的新大航海时代的来临，世界各国更是把科技发展置于极端重要地位，并且通过不断推进科技体制改革、科技项目设置和科技活动交流等，努力提高自身科技实力，共同提高人类对自由的把握能力。

2022年10月，美国白宫发布的《国防战略》提出利用"决定性的十年"促进美国重要利益，继续维护其全球领导地位，号召盟友联合推进国际技术生态系统。2021年7月，英国政府发布《英国创新战略：创造未来以引领未来》，旨在通过做强企业、人才、区域和政府4大战略支柱打造卓越创新体系，到2035年将英国打造成全球创新中心。2021年5月，欧盟委员会发布《全球研究与创新方法：变化世界中的欧洲国际合作战略》，新时期欧盟研究和创新框架计划"地平线欧洲"将成为实施该战略的关键工具。

遵守和维护社会规则

人不仅要遵守自然法则，更要遵守社会法则，这样才能更好地生存和发展，所以人性表现也必然会体现在规则方面。规则可以是约定俗成的，也可以是人为设计的，还可以兼而有之。在资源比较稀缺时，更要遵守规则，否则可能危害所在群体及地区。在新大航海时代更是如此，即使不会危及人的生命，也可能危害已有的社会法则或伦理道德，如基因编辑婴儿案等。

在家国异构的社会中，宪法一般位于最高地位，并且能够有效规范政府、企业和个人；而在家国同构社会中，则是最高领导者及其领导集团有效规范政府、企业和个人，在中国封建社会尤其如此。进入新时代以后，面对世界各国的安全隐患、科技差距和社会不公，美国、日本、欧盟和联合国等国家和组织，都研究制定了很多社会规则，并且努力推动其在有关国家和地区的贯彻落实。

新大航海时代，人性的 4 大突出问题

由于人性的复杂性、认识的局限性和管控的滞后性等原因，新大航海时代的人性仍然面临很多问题，可以是个性问题，也可以是共性问题；可以是理论问题，也可以是实践问题；可以是制度问题，也可以是政策问题。经过分析，人性的突出问题有以下 4 个。

对人性内涵的理解把握还不到位

由于人性内涵的发展变化是随着时代的不断变迁而逐步呈现的，即

使是同一内涵，其表现形式也可能有所不同，所以新大航海时代人性内涵的发展变化也必然是时代性和阶段性的，那么对它的理解也必然是时代性和阶段性的。另外，由于不同人所处的政治立场、接受的思想教育和具有的认知水平等有所不同，所以其对人性内涵的理解也不一样，不同国家和地区也是如此。例如，中国改革开放前后对待私营企业雇工的理解就不一样，中国和美国对待基因编辑婴儿的态度就不一样。

对人性表现的认识分析还不深入

人性表现出来以后，不仅会引起有关群体的关注和分析，而且有时还会引起国家及相关媒体的关注和分析。但是，由于各自所处的政治立场、具有的认知水平和接受的思想教育有所不同，认识和分析大多是片面的，甚至有时还是错误的。即使是全面分析，也不够深入，毕竟分析涉及的因素很多，更何况有些因素还不可知。另外，可能出于对国家安全、社会稳定和政治影响等的考虑，有些重大问题还不宜进行深入研究和分析。

对人性释放的积极引导还不及时

人性的客观存在，为人性的健康发展提供了必要条件，但是还需要及时地适当释放人性并对人性释放进行积极引导，否则人性不是被人为压制，就是会出现不同程度的混乱。这种混乱可以体现在趋利方面，也可以体现在追求自由与公平方面。进入新大航海时代以后，面对互联网、人工智能等新一代科技发明的出现，如何持续促进科技领域的人性健康发展就显得尤为重要。但是，由于各国对人性释放的引导还比较滞后，对有关科技人员的人性引导还不及时等，许多违背伦理价值的突发事件不时发生，从而引发很多争论，促使了相关政策文件的出台。

对人性管控的制度建构还不完善

因为对人性的不当压制和不当释放都会影响人类社会及人类文明的健康发展，而不同时代及不同时期又会面临很多突出问题，所以国家和地区必须不断完善人性管控的制度规则，这样才能及时适应时代要求和实际要求等。进入新时代，世界各国对很多人性制度进行了及时调整，对有关规章制度也进行了及时调整。但是，由于对人性失控的危害把握还不全面，对制度管控的完善依据还不确定，对管控程度的分寸拿捏还不清楚等，对人性管控的制度建构必然不太完善，也必然相对滞后。

促进人性健康发展的 4 条建议

根据上述分析，并结合各国人性发展的基本现状和战略部署等，为了继续促进新大航海时代的人性健康发展，现研究提出以下 4 条建议。

全面准确把握人性的时代内涵

要根据人性的基本特点、主要内容和影响因素等，全面准确把握国内外研究现状，并结合新大航海时代的基本矛盾、主要任务和重要课题等，认真分析前后时代的主题变化、环境变化和人性变化等，研究确定人性发展的主要任务、发展方向、释放重点和关键领域。同时，还要围绕各国市场化、民主化、法制化和国际化等发展状况，并结合其中人性的发展变化及重要现象等，继续开展人性的趋利性、避害性、自由性和公平性等重点研究。另外，还要根据互联网、人工智能等新一代科技发明的主要进展和重要影响，并围绕国家和地区的关注重点，着重开展科技领域人群的人性安全内涵及其影响因素研究。

深入研究分析人性的主要表现

要充分认识人性的主要表现对于全面把握人性基本特点、主要内涵和重要变化的重要作用，并结合经济表现、安全表现、科技表现和规则表现等重要表现，根据新大航海时代的发展状况、主要表现和突出问题等，认真分析各自所处的重要地位、主要作用、影响因素和实施机理等。

对于资本至上的国家和地区，要着重分析资本对人性主要表现的重要影响及实施机理；而对于权力至上的国家和地区，则要着重分析权力对人性主要表现的重要影响及实施机理。进入新大航海时代以后，面对各国人性主要表现，既要着重分析权力对于人性主要表现的重要影响及实施机理，也要认真分析资本对于人性主要表现的重要影响及实施机理，还要重点分析权力、资本对于人性在科技方面主要表现的重要影响及实施机理，毕竟部分科研人员的负面做法也会受到权力与资本的重要影响。

及时积极引导人性的合理释放

要高度重视人性合理释放的重要意义、时代价值和基本条件，并根据人性的基本特点、主要表现和影响因素等，全面把握新大航海时代人性合理释放的发展现状、主要成就和突出问题等。同时，还要结合时代主题、主要任务、发展重点和战略部署，围绕经济发展、国家安全、民生保障和科技创新等重要议题，继续从舆论引导、政策法规和资金扶持等方面，不断加大不同群体特别是民营经济群体、部分老龄化群体的趋利本性释放和科技领域群体的自由本性释放。另外，还要大胆解放思想，并解除过度限制人性的政策。

继续建立健全人性的管控制度

要全面把握国内外人性制度管控的发展过程、主要成就、经验教训和突出问题，并结合新大航海时代人性的主要任务、制度作用和发展现状，继续以各国执政党甚至执政联盟等的政治思想为指导，不断充实完善有关法律法规、政策规定和党规党纪等，作为规范处理国内外及党内外等不同组织及人群人性关系的基本合法标尺。同时，要根据重要论述、基本主张、实践探索和成功经验，及时探索建立人性管控制度。

对于互联网、人工智能等新一代科技发明，可以及时调整、完善有关科技治理政策，并根据其发展状况和危害程度，酌情建立健全有关法律法规，如《关于加强科技伦理治理的意见》等。

人性是人之本性，是人类社会存在的基本特征，也是人类文明发展的重要起点，在新大航海时代也是如此。因此，只有认真把握人性的基本特点，深刻了解人性的主要表现，积极面对人性的突出问题，并研究提出相应的政策建议，才能全面准确地把握该时代的基本矛盾、主要特征和重要任务，也才能及时站稳自己的政治立场，研究制定有效的方针政策和建立健全必要的管控制度。

Navigating the New Era of Discovery

第 11 章

制度: 新大航海时代的运行空间

为了确保人性的健康发展，也为了确保人性之间的和谐稳定，继续加强制度建设也就成了应有之义，即使进入新大航海时代也是如此。加强制度建设不仅应包括人类社会与自然界之间的制度建设，而且也应包括人类社会内部的制度建设，并且还要注意两者的有效衔接和适当协调，否则将会产生很多矛盾和冲突，轻则可能出现气候恶化、洪水暴发、沙漠化扩大及腐败等，重则可能出现战争，如俄乌冲突等。

例如，世界气象组织（WMO）发布的《2022 年全球气候状况报告》指出，2022 年海洋热含量创下历史新高，约 58% 的海洋表面至少经历了一次海洋热浪，全球平均海平面也创下历史新高，1993—2002 年的 10 年与 2013—2022 年这 10 年相比，全球平均海平面升高速度翻了一番。来自欧洲航天局（ESA）的另一份报告也指出，2022 年冰川的质量损失高于平均水平。为了确保新大航海时代各国经济社会稳健运行，现从主要作用、设立依据、发展现状等方面认真分析制度建设，并提出应对之策。

制度的 4 大重要作用

　　制度的存在必然要体现人性的基本特点，也必然要发挥一定的重要作用，否则难以落地，更难以持久，不管是根本制度、基本制度还是重要制度，都是如此。进入新大航海时代后，世界各国的制度也必然要发挥应有的重要作用。通过分析已有研究，并结合新中国成立以来，特别是新时代以来各国的发展及制度等，我们发现制度的重要作用主要体现在以下 4 个方面。

理顺关系，体现在政治、经济、文化、社会、生态各方面

　　在人类社会中，不仅包括最小的社会组织——家庭，而且也包括最大的社会组织——国家，同时还包括居于其间的企业、学会、协会、行会和政府等各种组织。这些组织为了自身的生存和发展，都会或多或少从自然界或（和）其他组织及个人等渠道获取不同程度的帮助和支持，毕竟有些社会生产必须依靠自然界的各种资源。因此，在资源相对稀缺的情况下，及时理顺彼此关系，并确保有序竞争和合理分配，也就成了所在地经济社会发展的必然要求。既要理顺上下关系，也要理顺左右关系，还要理顺内外关系，这些关系可以体现在政治方面，也可以体现在经济方面，还可以体现在文化方面、社会方面和生态方面。例如，2023 年出台的《中华人民共和国对外关系法》就是为了理顺中国与其他国家和地区的合法关系，它指出本法适用于中华人民共和国发展同各国的外交关系和经济、文化等各领域的交流与合作，发展同联合国等国际组织的关系。

加强领导，确保整个人类社会的健康发展

由于人类社会存在很多社会主体及社会组织，为了理顺社会关系，必须及时确立社会主体及社会组织中各种领导与被领导的关系，并赋予其必要的合法地位，这样才能增强其权威性，便于有效组织、管理和监督等，从而确保整个人类社会的健康发展。虽然人类社会已从自然界独立出来，但还是部分继承了物竞天择的自然法则，特别是在家国同构甚至党国同构的人类社会，其中各种领导与被领导的关系就是丛林法则的证明。这种社会主要是通过宪法及法律法规等来规范和维护领导者及其在领导集团的政治地位、经济地位、文化地位和思想地位等，并且通过《党章》及其他党规党纪来规范和维护党中央及中央领导班子的领导地位。至于家国异构甚至党国异构的人类社会也是类似，只是前者的领导者是一个人及一个阶级和官僚统治集团，而后者则是部分阶级及其主要代表，如执政党甚至执政联盟，美国、德国和法国等就是后者这种情况。

巩固成果，确保有关群体的重要利益

不管是通过战争获取的领导地位，还是通过选举获取的领导地位，甚至是通过经济社会发展获取的领导地位，都要通过一定制度来巩固，这样才能确保有关群体的重要利益。进入新大航海时代，随着互联网、人工智能等新一代科技发明的出现，世界各国也会通过建立健全相关规章制度来不断巩固成果，如《中华人民共和国网络安全法》等。王春晖

教授指出,《中华人民共和国网络安全法》集中体现了网络空间各利益相关方普遍关心的问题,确定了与网络建设、运营、维护和网络使用,以及网络安全监管相关的多项法律规范和制度。

促进发展,破解新时代突出问题的重要抓手

制度的建立是为了巩固成果,更是为了促进发展,毕竟实现领导需要依靠发展,维护重要地位也需要依靠发展,更何况发展还是世界各国破解时代突出问题的重要抓手,即使进入新大航海时代也是如此。研究制定有关方针政策,也是为了促进某些问题朝健康的方向发展,只是相对来说法律法规更稳定。制度的确立可以是为了确定发展方向,也可以是为了调整发展制度,还可以是为了提供发展空间、发展资金和发展项目等。面对互联网、人工智能等新一代科技发明加速发展的客观现实,联合国及欧盟、美国和中国都给予了积极回应。例如,2021 年 11 月 24 日,联合国教科文组织有预见性地一致通过了《人工智能伦理问题建议书》。

制度设立的 4 大依据

制度的建立需要遵循必要的依据,制度的健全也需要遵循必要的依据,并且要尽量符合人性特点、法律法规和客观现实等,这样才能确保其有效实施,也才能确保其不断推进,毕竟制度的适用对象是相关人群及社会组织。根据已有研究,并结合国内外制度发展状况与新大航海时

代特点，总的来说，制度的设立主要包括 4 大依据。

人性依据，设立制度必须遵循人性的基本特点

　　由于制度的适用对象是相关人群及社会组织，所以建立健全制度必须遵循人性之基本特点，也必须遵循这部分人群及社会组织的独特特点，不管是在年龄、性别、工作性质、学历要求还是安全风险上，都要有所考虑，即使是单个企业及其处室也是如此。否则，即使依靠一定强力推进，也会遭到不同程度的反对，更会留下不讲人权的恶名。随着改革开放的不断推进和对人权认识的逐步加深，很多国家都根据人性对制度做了适当改善。例如，中国领导干部个人事项汇报中增加了"健康状况"一栏，并根据其健康状况进行适当的工作调整，以便及时改善其身体健康状况。

理论依据，设立制度必须遵循重要理论及实践模式

　　不管是在工作、学习、休闲、交往还是管理上，人类社会都已建立了各种理论，并且还逐渐形成了很多实践模式，所以在新大航海时代，世界各国制度的建立健全也必须遵循相应的重要理论及实践模式。即使是作为国家根本大法的宪法，也必须遵循一定的宪法理论。虽然互联网、人工智能等新一代科技发明是新鲜事物，并将对各国经济、社会产生不同程度的影响，但是与之相关的新建制度也必须遵循其已有制度的有效管理，当然也要遵循其已有制度的理论依据。另外，还要坚持推进理论研究，并及时赋予新建制度新的理论依据。

法律依据，设立制度必须依据宪法及法律法规

鉴于宪法是国家的根本大法，更是制定各种法律法规及方针政策和规章制度的基本依据，所以继续建立健全有关规章制度也必须坚持必要的法律依据，更何况很多国家还在推进法治国家及法治政府建设。

进入新大航海时代，面对互联网、人工智能等新一代科技发明，世界各国也都依据各自的宪法及法律法规建立健全了相关规章制度，如美国、日本和欧盟。2021 年 5 月，美国颁布的《军用人工智能法案》是建立在其《2020 年国家人工智能倡议法案》《武装部队数字化优势法案》等基础上，使其军队各级人员更好地使用人工智能的法规。

现实依据，设立制度必须基于现实发展的客观需要

任何制度的建立健全，都是基于现实发展的客观需要，并且需要强度越大，其制度就越全面，包括宪法、部门法、组织法，甚至是相关方针政策和规章制度等。即使是进入新大航海时代也不例外，面对互联网、人工智能等新一代科技发明的及时出现及各种影响，不管是已出台的各种政策规定，还是已部分出台的法律法规等，都是基于现实发展的客观需要。可以说，既没有不基于现实需要的各种制度，也没有不服务于现实需要的各种制度。客观需要包括政治需要、经济需要、文化需要、社会需要和生态需要等。

制度的发展：从自发建立到自觉建立

随着人类社会的诞生、认知水平的提高和经济发展的需要，各种制度逐渐建立起来，并逐步从自发建立阶段转变到自觉建立阶段。

新大航海时代观

Navigating
the New Era of
Discovery

新大航海时代以来，面对互联网、人工智能等新一代科技发明的及时出现及其各种影响，世界各国都逐渐高度重视制度，并且依据各自宪法及有关部门法等，从征求意见、政策出台和法规完善等角度及时建立健全了相关方针政策和规章制度，如健全网络综合治理体系、强化网络安全保障体系建设、加快发展无人智能作战力量等。

总的来说，制度的发展态势主要是从自由放任到部分监管，从局部观察到整体把握，从有关政策制定到部分法规建立，从鼓励发展到注重安全。各国至今还普遍坚持审慎监管的基本原则，目的就是要继续加快促进新兴科技发明的健康发展和广泛应用。例如，在人工智能制度建设方面，自 2017 年以来，美国、欧盟、加拿大、日本、新加坡等国家和地区已陆续发布人工智能发展和治理的法律法规准则。以时间为线索梳理这些法案可以发现，各国和地区开展的立法探索呈现出从宏观性准则和战略逐渐细化至诸如自动驾驶治理、数据安全等具体层面的趋势，全球范围内关于人工智能安全的治理逐步深化和具体化，如美国的《自动程序披露和问责法》《2019 年国防授权法》和 2020 年的《国家人工智能倡议法》，欧盟的《人工智能法案》等。中国则是从 2017 年起针对人工智能发展，成立了相关部门统筹研究。在 2023 年"世界人工智能大会"上，科技部战略规划司司长梁颖达表示，人工智能法草案已被列入国务院 2023 年立法工作计划，提请全国人大常委会审议。

制度发展面临的 4 大问题

当前的制度发展面临着诸多突出问题。经分析，问题主要体现在 4 个方面。

部分制度的设立依据还缺乏必要的人性化

很多制度的建立健全都会遵循一定的人性依据，但是随着人性及人权等理论实践的深入推进，也必然面临部分人性依据的完善问题，对于新兴科技安全等方面的制度设立更是如此，毕竟我们现在对于互联网、人工智能等新一代科技发明的制度设立把握不深。另外，某些现成制度也会因为我们对人性问题及人权问题的理解把握不到位，而使得其建立健全缺乏必要的补充和完善。例如，面对老龄化、少子化等不断严重的客观现实，有些国家的婚姻制度和休假安排等已经不太符合实际需求。

相关法律法规的建立健全还不是很及时

经济社会的健康发展和人们认知水平的不断提高，必然要求有关法律法规和政策规定要及时建立健全，这样才能确保人性稳定释放。但是，由于受到矛盾暴露不太充分、经验把握不太全面和利益牵扯不太清晰等因素的影响，有些制度无法得到及时地建立健全，最终使得有关矛盾和问题越来越严重。进入新大航海时代，有些制度已无法适应新的经济社会现实，也无法适应新的科技发明，且因为没有得到及时的建立健全，所以隐私数据泄露等问题才时有发生，并引发很多人群及其组织的担心和顾虑。

很多制度实施前都未开展适当的风险评估

任何制度推出以后，都会对经济社会发展产生一定影响，更是会对相关行业领域和部门产生重要影响，甚至还会产生比较严重的负面影响，所以在发布实施制度前及时开展风险评估尤为必要。但是许多国家就缺少这样的自觉意识，没有将风险评估纳入必要的制度制定过程中，即使进入新大航海时代，也依然如此。由于许多国家还是坚持以经济建设为中心的基本国策，所以任何制度及政策的制定都应该提前开展必要且适当的经济风险评估。比如在制定出台生态环保政策和疫情防控政策之前，没有做出及时的经济风险评估，结果使得经济苦不堪言，很多企业特别是中小企业等纷纷倒闭。

涉外制度的改进和完善还缺乏应有的国际合作

由于很多涉外制度的有效实施都需要有关国家和地区的沟通合作，所以对涉外制度的改进和完善也需要加强必要的国际合作。进入新大航海时代后，考虑互联网、人工智能等新一代科技发明具有明显的国际溢出效应，所以加强其制度方面的国际合作不可避免。但是，面对中美战略竞争特别是中美科技战略竞争日益加剧的客观现实，美国限制了与中国的跨国科技合作和学术交流，导致两国之间的科技合作关系发生了转变。例如，调查数据显示，2021 年 12 月至 2022 年 3 月，共有 1 304 名中国研究人员参与了调查，在这些人中，有 72% 的人表示在美国工作不再感到安全，61% 的人正在考虑离开美国。

推进制度建设的 4 点政策建议

根据上述分析，并按照各国制度发展的基本现状和战略部署，现就加快推进新大航海时代制度建设，提出以下 4 点政策建议。

抓紧补充完善相关的人性依据

要认真分析人性的基本特点、主要内容和重要体现，并结合国内外人权理论实践的积极探索，深刻理解新中国成立，以来特别是党的十八大以来以人民为中心的发展思想的精神实质、基本要求和主要体现，全面梳理其在国家治理体系方面的发展状况、主要成就和突出问题。同

时，根据新大航海时代人性发展的时代主题、主要任务和重要部署，并
围绕国家治理体系的最新部署和执政党的有关部署及经济发展、民生保
障和科技安全等制度建设，积极吸收借鉴世界其他国家和地区按人性依
据改进完善有关制度的经验教训和做法等，继续加快将人性依据落实、
落细、落全。

及时建立健全有关规章制度

要高度重视依法治国在推进国家治理体系和治理能力现代化中的重
要地位、主要作用和时代价值，并根据国家治理体系的最新部署和执政
党的有关重要部署，围绕新大航海时代人性的时代主题、主要任务和突
出问题，继续建立健全以人权法体系为重点的相关规章制度，着重推
进最新科技领域立法。同时，积极借鉴经济体制改革的成功经验和主要
做法，大胆推进宣传管理体制改革，及时建立健全舆论宣传法、媒体法
和新闻监督法等法律法规，确保宣传、管理于法有据。另外，对于互联
网、人工智能等新一代科技发明在数据使用、媒体传播和社会交流等的
应用，应坚持宽严相济、以宽为主原则，继续健全隐私保护法、数据安
全法和网络安全法，加快制定自媒体法等有关规章制度和方针政策。

探索开展制度实施的风险评估

要充分认识风险评估对于推进国家治理体系建设及有关制度实施的
重要意义，也要充分认识风险评估对于继续坚持以经济建设为中心的基
本国策的重要意义，并结合新大航海时代各国制度建设及经济发展的主

要进展、突出问题和重要部署，全面把握有关制度建立健全的实施清单、关键要点和涉及领域等。同时，还要根据国内外有关制度实施前风险评估的成功经验、主要做法和突出问题等，按照各国制度建设的整体部署，及时开展有关制度启动前的风险评估，既要包括对所在领域地区和群体的风险评估，更要包括对经济领域、涉外领域、民营经济和弱势群体的风险评估。

继续加强涉外制度的国际合作

要深刻理解《中华人民共和国对外关系法》的重要地位、主要作用、基本内涵和时代价值，全面梳理新中国成立以来，特别是新大航海时代以来各国涉外方面的方针政策和规章制度等制度体系，并结合各国对外关系的最新变化和执政党的有关重要部署及涉外制度安排，及时确定有待加强国际合作的重要制度、关注重点和涉及国家，分类制定合作之策。对于非安全、非军事和非科技领域的涉外制度，要继续加强和世界其他国家甚至国际组织的交流合作，并及时建立健全合作制度，确保其能与时俱进，不断适应各国对外开放需要。而对于安全、军事和科技领域的涉外制度，则要尽量加强与世界其他有关国家甚至国际组织等的沟通理解，着重推动和世界其他利益合作国甚至金砖国家、上海合作组织等国际组织的深入沟通和交流，努力促进涉外制度特别是网络安全制度的国际合作。

人类社会的健康发展，需要人性的及时释放，也需要制度的必要保障，新大航海时代也是如此。为此，就要充分认识制度保障的重要作用，认真分析制度设立的基本依据，全面把握制度的发展现状和突出问题，并且还要根据人性依据和国家治理体系的重要部署及执政党的有关重要部署，按照依法治国的基本方向及相关的法律依据，继续补短板、强弱项，加快推进互联网等新兴科技的安全立法，确保制度的建立健全更加人性化和全面，也确保新时代国家发展和国际进步能建立在更完善的制度体系上。

Navigating the
New Era of
Discovery

第 12 章

财富: 新大航海时代的生命血液

全球格局的地平线上乌云集聚，阻碍人类向前航行，但人类对共同繁荣的发展浪潮仍寄予厚望，在快速变局中重新界定财富的价值是所有"造浪者"们的首要关切，在商业世界中激活并流转新的活力血液也是迫在眉睫的重要使命。预测未来的最佳方式是创造未来，本章将从 5 种资本的视角，探讨新大航海时代的财富变革趋势与创新积累路径。

绿色财富：厚植自然资本

自然资本是自然界可利用资源的总和，不仅包含维持人类生产生活的原材料，也包含极为重要的自然调节过程，如植物产生的氧气、昆虫的授粉活动、森林发挥的环境保护效益等。然而，全球自然资本加速减少，财富的形成基础正岌岌可危。2023 年《自然》发布的一项研究显示，在地球的 8 个自然系统指标中，有 7 个已经被人类活动推到了"安全和公平的界限"之外。以水资源为例，全球有 20 亿人无法获得安全饮用水，20 亿～ 30 亿人每年至少有一个月会遭遇缺水，全球缺水的城市人口预计从 2016 年的 9.3 亿增长到 2050 年的 24 亿。

　　道义即利益，将自然建构为资产是大有可为的事业。世间从不缺乏号召环境保护、劝说珍惜资源的循循善诱，但更需要发动一场价值驱动的思想革命，使投资者发现自然固有的生产能力和资产属性，将生态环境投入视为能够产生持久回报的战略投资，而非带来压力或降低绩效的经营负担。

　　世界经济论坛的研究表明，推动 3 大关键社会系统（粮食、土地和海洋利用，基础设施和建筑，能矿资源开采）向"自然收益式"模式转变，扭转生物多样性丧失和气候变暖等环境越发；恶劣的趋势，到 2030 年，3 大系统的绿色转型每年可创造超过 10.1 万亿美元的商业价值和 3.95 亿个工作岗位（见图 12-1）。当然，这种转型需要投入相应的成本，在 2030 年之前预计每年需要投入 2.7 万亿美元。

单位：万亿美元

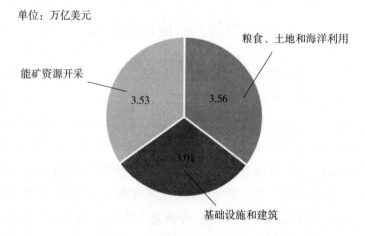

图 12-1　2030 年全球 3 大系统转型每年能创造的商业价值

很多转变可以产生立竿见影的收益。例
如，采取闭合养分循环的再生农业模式，有
助于在增强生态系统韧性的同时大幅提高产
量，降低至少两成的农场运营成本；再生塑
料行业不仅可以有效缓解越发；严重的塑料
污染问题，还可以开辟未来石化行业的"第
二增长曲线"，预计 2030 年全球 50% 的塑
料可以被回收或重复使用，再生塑料年市场
规模将达 550 亿美元。

企业是厚植自然资本的主体之一，与自然共生共荣需要把握以下
4 点：

1. 准确评估企业运行的自然足迹，明确其对自然依赖的程度
   和实际的影响。
2. 设计有针对性的方案，明确企业的哪些活动既可以减少对
   自然的影响，又可以提高经营的业绩，发现撬动绿色财富
   的特定杠杆，主动争取各国日益增多的绿色政策红利。
3. 开展负责任的行动，避免流于形式的"漂绿"行为，密切
   监控各项目标进展，确保经济回报与自然回报并驾齐驱。
4. 打造绿色商业关系，与供应链上下游的合作伙伴共同推动
   转型，提高行动的效率。

活力财富：焕新人力资本

人力资本在新大航海时代正面临重新定义、重塑流向的大变局。一方面，人工智能正在冲击数以百万计的工作岗位。据世界经济论坛在 2023 年的预测，由于人工智能的推广，全球未来 5 年将有 8 300 万个就业岗位消失，同时有 6 900 万个新岗位出现，即净减少 1 400 万个就业岗位，相当于全球目前就业岗位净减少 2%。哪些就业岗位容易被人工智能所取代？作者带着这个问题请教了 ChatGPT，以下是它给出的答案。

- **1. 制造业中的装配线工人**

  人工智能可以更高效地执行装配任务，减少了制造业对人力的需求。

- **2. 数据录入员**

  自动化的数据处理和文本识别技术可以替代手动录入数据的工作。

- **3. 客服代表**

  自然语言处理和语音识别技术使得人工智能能够处理大量的客户咨询和问题解答。

- **4. 银行柜员**

  自助银行和在线银行服务的普及使得人们越来越少去银行

办理业务，减少了银行对柜员的需求。

5. 快递员和司机

随着自动驾驶技术的发展，人工智能可能取代一部分快递员和司机的工作。

6. 金融和保险领域的数据分析师

人工智能可以更快速、更准确地分析大量的数据，取代一些数据分析师的工作。

需要注意的是，尽管人工智能技术在某些领域可以取代人类工作，但也会创造新的工作机会。因此，人们需要不断学习和适应新的技术发展。

但是，全球劳动力供需仍在持续失衡。一是由于近年来全球人口老龄化不断加速，全球 65 岁以上人口的占比从 2012 年的 7.8% 增加至 2021 年的 9.6%，照此趋势，2050 年全球每 6 人中就有一位 65 岁以上的老年人，许多国家（包括几乎所有发达国家和一些新兴市场国家）未来几十年的成年劳动力占比将大幅下降。二是由于科技发展创造了高级技能型劳动力的缺口，同时加速了工作技能的半衰期，如美国持续面临计算机科学家、AI 工程师的严重短缺，预计 2030 年美国将缺口 140 万名此类技术人员。

基于上述形势，我们可以断言，当今和未来最有价值的劳动力将是那些能够将技术知识和人类技能相结合，并快速适应工作需求的人。以新闻传播人才为例，从业者不仅需要练好"嘴皮子""笔杆子"等基本功，还需要掌握搜索引擎优化、融媒体新闻生产、大数据分析与精准投放等一系列技能，让创意、思想与技术真正发挥"化学反应"。

面对变局，各国也需要搭建新的人力资本培育体系，以满足劳动力在漫长职业生涯中对新知识源源不断的需求。中国的成人职业培训行业近年迎来了突飞猛进的发展，"互联网＋教育"的发展为全民终身学习构建了良好的技术和资源基础，2021 年"互联网＋教育"的市场规模已经高达 3 000 亿元。广大用户的在线付费培训习惯已养成，同时快节奏的生活让越来越多的学习者追求更加"立竿见影"的知识服务——碎片化的时间与"短平快"的知识相呼应。

关系财富：链接社会资本

重要的不是你知道什么，而是你认识谁，这就是社会资本的价值。社会资本可以理解为个人从社会关系中获得资源、便利或信息的能力（见图 12-2）。

与其他资本不同的是，社会资本不会因为使用而减少，但会因为不使用而枯竭，它具有可再生性，会由于不断地被消费和使用而增加价值。

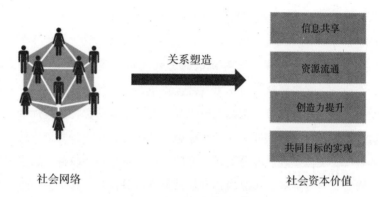

图 12-2　社会资本的价值实现

在新大航海时代，互联网全盘重塑社会资本的积累方式，具体表现为以下几点：

1. 社会交往可以超越面对面交往的局限，信息的产生和传递可以跨越地理空间，信息的保存和读取可以跨越历史时间，社会资本在时空层面得到了拓展。特别是在疫情期间，所有行业都在依赖网络开展各种形式的"缺场交往"，保证业务开展、联系不断。

2. 线上交往使个体的社会资本在总量上可以出现革命性增长。例如，小型企业依靠社交媒体，可以获得比大公司更有效、更便宜的曝光度，将产品和服务展示给潜在客户。

3. 社会资本的激发还需要重视"虚实转化"的能力，对企业经营者而言就是不能"只有流量、没转化为业绩"，网络积累的优势最终需要在实体空间转化为收益。

建立有意义的链接，需要机构和个人在新时代付出多线努力。首先，企业领导者需要激励员工重视社会资本，从绩效管理的维度，为员工发现、建立和巩固社会资本的行为提供奖励。其次，将传统社会业已具备的关系思维与互联网时代的数据思维相结合，全面提升培育社会资本的效率。美国一些企业开始采用专门的社会资本分析软件，通过汇聚人力资源、对外业务、关联机构和运营元数据等信息，绘制整个组织的交往流：一方面识别出内部最活跃、最具外部影响力的员工，进而系统性地让他们参与公司对外联系的工作；另一方面为公司创制可操作的知识图谱，便于更多员工在所处行业和地域中开拓社会联系。另外，实体空间的精心设计也有利于增强团队内部的联系，如不少公司都会有意设置更多开放的休闲区域，让员工不会沉浸在"埋头工作"中，而是让他们产生更多自发的思维碰撞。

智造财富：超拔制造资本

没人会怀疑制造资本未来的巨大升级空间和创收潜力，未来已来，关于工业 4.0 的愿景正在世界多地转化为现实，在数据体系与物理体系的无缝合成之下，物联网、人工智能、元宇宙、机器人、数字孪生等多项技术使制造系统实现了前所未有的连通性、自动化和标准化。

新一代的智能工厂至少可以从以下 3 方面提升制造效能。一是提高效率和降低成本，数字化转型可以帮助企业实现自动化生产线、协同工作以及自动化货运流程。例如，在成都西门子数字化工厂，自动物流系统部门无须人员现场监控，两部高速运转的取料机如同"人"一样，依靠数字定位迅速地"抽"出对应的原材料，并通过自动传输轴，马上传送到生产车间。从工厂物料需求信息到自动物流仓库，仓库最长只需要 30 分钟就能将物料送到车间。这座实现了全集成自动化的工厂，相比同类型的工厂人员最多可节省 50% 的成本。二是提升库存管理效能。人工智能技术可以基于实时需求来保持供应链的运转，而非根据预测来储存库存，当库存不足时，人工智能技术使企业能够通过与现有的供应商匹配来快速做出反应。三是提高产品质量。从生产过程中收集而来的大量数据有助于操作人员深入了解设备的生命周期，发现设备老化的趋势和故障的风险，预测性的设备维护可以降低废品率和维修成本。当然，通往智能体系的路并非坦途，企业在此过程中不可避免地面临一些挑战，如较高的初始改造成本、新技术与传统基础设施的不兼容、数据采集失真或数据质量不佳等。

制造资本体系的另一个重大变化是从出售硬件产品转变到提供全能服务。过往，制造商与客户之间的关系停留在产品交易的层面，客户购买了一台设备，一旦销售和安装过程结束，只有当他们需要维修或购买新设备时，才会与制造商发生互动。而如今，当客户面对大量依托软件技术的装备时，便期望能从制造商那里享受到不间断的售后服务，制造商也需要通过不断升级软件、改进服务来维持客户黏性和市场竞争力。以电动汽车行业为例，汽车的价值由制造硬件和服务软件共同组成，各大车企在硬件领域历经漫长的竞争，硬件及其成本改善的空间已经十分有限，而电动汽车所倚重的系统软件、功能软件、应用算法软件能为车主带来全新的驾驶体验，软件层面的服务成为汽车产业差异化竞争的关键。制造业未来可能更加普遍的场景是：客户向制造商租赁设备或制造意商向客户提供量体裁衣的服务，满足客户灵活多变又力求压缩成本的需求。"制造即服务"的新模式意味着制造商将不仅受益于传统的一次性交易，而且能从更长的生产消费链条中创造经常性的收益。

有为财富：赋能金融资本

人工智能风潮也在席卷金融行业，麦肯锡的研究显示，2021 年全球金融科技投资总额超过 2 200 亿美元，270 余家金融科技独角兽企业的总估值从 2017 年的 770 亿美元上升至约 9 500 亿美元。

在新大航海时代，有以下几个关键趋势预计会重塑金融体系的运转：

1. "金融云"技术获得大量应用，金融机构可以通过基于云的解决方案来存储、处理和分析大量数据，洞察客户行为和市场趋势，不断创新产品和服务。
2. 自然语言处理技术承担起更多工作量，聊天机器人不仅能够给予客户准确的信息反馈，还能自动地改善服务和从非结构化数据中提炼客户需求。

3. 提升金融机构防范欺诈的能力。例如，机器学习算法可以分析交易数据，识别出欺诈活动的行为模式和风险点，也可以通过生物行为识别技术（如指纹或面部识别）来监测可疑活动，这些技术的应用都有利于掌握防范风险的主动性。

4. 依靠数据开展更加即时的预测分析。一个正在开拓的应用场景是为股市交易开发预测模型，然后在几毫秒内执行市场决策，这类模型通常会分析海量的历史数据和实时市场数据，以识别波动模式并预测股票市场的走势。

5. 区块链技术的使用越来越多。区块链技术作为一种提高安全性和透明度的方法，金融机构正在积极将其应用于数字身份、贸易融资、跨境支付等具体领域。

同时，我们必须直面人工智能技术赋能金融资本时的实施困难：

1. 可解释性不足问题。虽然金融技术人员倾向于将人工智能作为衡量技术好坏的性能准则，如预测准确率、决策精细度等，但这些准则常常不能充分说明决策的过程。如何增强技术应用的可解释性是决定技术应用深度和广度的关键挑战。

2. 分布不确定性问题。金融数据往往呈现出多源异构特征，数据存在采集时间不同、采集地点差异等诸多异质性，导致基于单一化或均一化建模的人工智能技术无法适用于金融数据。

3. 数据安全与隐私问题。随着越来越多的金融数据共享开放、交叉使用，在数据所有、采集和存储等方面存在大量的权责界定空白，这也可能导致存在严峻的数据安全与隐私风险。

多元技术叠加，发挥乘数效应，为金融注入创新动能。所有金融机构都应该更多投资于必要的技术基础设施、资源和数据型人才，与信息技术行业开展更加密切的互动，与金融科技初创公司建立合作伙伴关系，以追求行业的领先地位。此外，金融机构还应关注数据治理方式的完善，构建数字信任体系，夯实金融科技的安全基石。

Navigating the
New Era of
Discovery

第 13 章

欲求: 新大航海时代的不竭动能

改变命运是西方崛起的原始动力

对于大多数欧洲人来说，中世纪是一段至暗的时间，人们生活困苦，精神备受压抑，愚昧和贫穷是中世纪欧洲的标签。14 世纪末期，欧洲资本主义开始萌芽。欧洲开始躁动起来，人们为了改善生活去寻求财富。此时，《马可·波罗游记》已经在欧洲广为流传，马可·波罗在书中以夸张的笔法，把中国、印度等东方诸国描绘成"黄金遍地，香料盈野"的天堂之所。受到极大刺激和诱惑的西方商人和贵族，自然而然地产生了一种到东方冒险和寻找黄金的强烈欲望。

新大航海时代观

Navigating
the New Era of
Discovery

寻求财富是西方国家出台政策和海洋冒险家行动的动力。对于商人来说，海外扩张意味着不断增加的财富；对于国王来说，海外扩张意味着威望和权力的提升；对于平民来说，海外扩张意味着实现阶层跨越的机会。

　　最先迈开探险步伐的是葡萄牙。葡萄牙是欧洲第一个世界性的殖民帝国。在 16 世纪的时候，葡萄牙的殖民地遍布亚洲、非洲和美洲。

　　在 15 世纪初期即中世纪晚期，欧洲暴发了黑死病，在很长一段时间内，葡萄牙都在与西班牙作战，这给葡萄牙这个边陲小国带来了不小的影响。葡萄牙是欧洲一个仅有一百万人口的小国，由于国王太穷，直到 1435 年葡萄牙仍然无法铸造自己的金币。

　　1385 年，若昂一世夺得皇位，他在位时期，葡萄牙确立了向海上发展的国策，为大航海时代的到来吹响了前奏。1415 年，葡萄牙军队进攻休达 ①，对这座著名的商贸港口城市进行了掠夺，洗劫了 24 000 名商人的商铺，休达城内的来往客商几乎无一幸免。葡萄牙控制休达之后，又开始探索非洲海岸。

　　若昂一世之子亨利王子是一个狂热的宗教信徒，他相信这样一个传说：一个名叫普莱斯特·约翰的人统治着一个强大的基督王国，这个王国就在非洲东南面某个地方。亨利王子因此痴迷于探险，经常幻想自己能够找到一条航线，沿着非洲海岸，绕过阿拉伯，前往这个王国。1416 年，在葡萄牙控制休达之后不久，亨利王子就组织了航行，前往非洲海岸探险，记录新发现地区的地理概况和矿产资源。在休达期间，亨利王子获取了不少阿拉伯人编写和翻译的书籍，包括古希腊几何学家、天文

---

① 休达（Ceuta），北非城市，现为西班牙的海外自治市。——编者注

学家和地理学家的著作。这些著作点燃了亨利王子强烈的求知欲，他开始学习数学、天文学、地理学，这使得他越来越痴迷于地理学和航海探险。

在葡萄牙政府的支持下，葡萄牙人于 1420 年占领了马德拉群岛。随后，又占领了加那利群岛，1432 年，占领了大西洋上的亚速尔群岛，并开始移民。此后的葡萄牙一路高歌猛进，在航海探险中不断有着新发现，成为盛极一时的欧洲强国。

15 世纪末，哥伦布向葡萄牙王室寻求资助，希望开辟由欧洲向西前往东方的航线。当时的葡萄牙国王若昂二世认为，开辟新航线花费过高，所以拒绝了哥伦布的提议。哥伦布只好转而向西班牙王室寻求资助。在西班牙王室财政顾问、大商人路易斯·德桑塔赫尔（Luis de Santangel）的支持下，西班牙女王伊莎贝拉一世召见了哥伦布，并批准支持哥伦布开辟新航线的计划。1492 年 8 月 3 日，哥伦布的探险队从西班牙的帕罗斯港出发，于同年 10 月抵达加勒比海圣萨尔瓦多岛。

哥伦布的成功远航大大刺激了葡萄牙王室，若昂二世认为此举破坏了葡萄牙与西班牙此前签订的《阿尔卡索瓦斯条约》（Treaty of Alcáçovas）。1494 年，在教皇亚历山大六世的斡旋下，葡萄牙和西班牙签订了《托尔德西拉斯条约》（Treaty of Tordesillas），同意以教皇子午线为界，平分新发现的土地，这是近代西方人第一次瓜分世界，拉开了近代西方向世界殖民的序幕。

　　尽管葡萄牙与西班牙签订了《托尔德西拉斯条约》，但葡萄牙执政者依然担心西班牙会扩大海上活动范围，影响葡萄牙的利益。在新国王曼努埃尔一世的支持下，葡萄牙掀起了新一轮远航。在经过一系列战争后，葡萄牙最终战胜了阿拉伯人、印度人，垄断了印度洋贸易，并控制了马六甲。葡萄牙在印度洋贸易中获得了巨额利润。1544 年，葡萄牙在马六甲向来自印度的所有货物按 6% 征税。这一时期，马六甲港口的税收每年有 1.2 万至 1.5 万杜卡特。1547 年，葡萄牙殖民政府调整了税率，除粮食外，税率调整至 8%，马六甲税收迅速增长到 2.75 万杜卡特。到了 1600 年，税收已增长到 8 万杜卡特。1636 年，葡萄牙政府对在澳门、马六甲和果阿等港口进行贸易的英国东印度公司商船按 9% 征收税款，有时税率高达 20%。所收税款多数归王室所有，在葡萄牙控制马六甲的 130 多年时间里，葡萄牙积累了大量财富。

　　同属伊比利亚半岛国家的西班牙，对于葡萄牙海外扩张所获利益十分羡慕和嫉妒。在资助哥伦布开辟新航线后，西班牙着力经营其在美洲的殖民地。按照当时西班牙的法规，新发现的土地应归国王所有。因此，前往美洲的探险家都要与国王签署协议，经由国王授权后才能前往美洲。实际上，探险家出行的所有设备、补给均需自己准备，他们不得不向银行家寻求资助。当时流传着这样一种说法：上帝在天，国王在西班牙，我们在这里。这就是说，探险家的活动实际上不会服务于国王，而是为了自己的利益。大部分探险家到达美洲后，会拼命搜刮财富，在利益分配不均衡时，也会发生冲突。

在利益的诱惑下，1503 年，西班牙政府允许奴隶制合法化，殖民者可以掠夺印第安人充当奴隶。到了 1537 年，整个古巴岛的印第安人只剩下 5 000 余人，为了寻求替代者，西班牙人开始考虑从非洲获取劳动力，于是黑人奴隶贸易开始了。他们将商品从欧洲运往非洲西海岸，换取奴隶后运往美洲开采金银或种植甘蔗，再将美洲的金银、糖运往欧洲换取商品，形成了一个"三角贸易"。

在北美洲站稳脚跟后，西班牙人开始向南美洲拓展。1522 年，一个名叫皮萨罗的西班牙种植园主得知有一个名为印加帝国的南美国家盛产黄金，于是他伙同两名强盗阿尔马格罗和卢克，在巴拿马总督的支持下，远征秘鲁。起先，他的远征并不顺利，直至 1532 年，他设计抓获了印加帝国国王，迫使印加帝国用 6 017 千克黄金和 11 793 千克白银赎国王。1572 年，印加帝国灭亡，印加文明就此消失。而皮萨罗也与阿尔马格罗因分赃不均反目，1541 年被杀。为了约束和管理西班牙探险者在美洲的扩张，王室不得不成立了合同交易事务所和西印度事务院，同时也开始注重精神征服，于是耶稣会诞生了。

印第安人和印加帝国的金银很快被搜掠一空，殖民者开始寻找矿产，于是出现了一股淘金热。1530 年开始，殖民者在美洲陆续发现了很多金银矿，西班牙在美洲的白银产量一度占世界白银产量的一半，这使得西班牙人获利颇丰，但大量白银出产使得白银价格急剧下跌，为西班牙爆发经济危机埋下了隐患。

哥伦布发现美洲后，西班牙人并没有得到满足，而是继续探寻前往东方的道路。1514 年，葡萄牙人麦哲伦再次向葡萄牙国王提出向西探寻前往印度和中国的航线，但遭到葡萄牙国王曼努埃尔一世的拒绝。麦哲伦不得不转而寻求西班牙国王的支持。西班牙国王与麦哲伦很快签订了一份协议，约定麦哲伦新发现的土地归西班牙所有，麦哲伦任新大陆总督，可获得新殖民地 1/20 的收入。

麦哲伦船队在经过长时间航行后，于 1521 年发现了菲律宾。1521 年 4 月 27 日，麦哲伦等人在马克坦岛被当地土著居民击杀。麦哲伦死后，船队继续航行。1522 年 9 月 6 日，船队回到西班牙，完成了环球航行。

麦哲伦环球航行再一次激起了西班牙人前往东方的欲望，这使得西班牙与其他欧洲强国产生了冲突，与法国和奥斯曼帝国爆发了战争。当时西属尼德兰也爆发了独立运动。尼德兰北方各省组成了乌特勒支联盟，很快又宣布成立荷兰共和国。荷兰的独立运动得到了英国的支持，西班牙对英宣战，组织无敌舰队，企图一举消灭英国海军。1588 年，西班牙无敌舰队在英吉利海峡被英国海军重创。在英国和法国的支持下，西班牙与荷兰签订了《十二年休战协定》(*The Twelve Year's Truce*)。在接二连三的挫败后，西班牙帝国开始走向衰落。1638 年，西班牙海军被法国海军打败。1639 年，西班牙海军主力被荷兰海军歼灭。1648 年，签订《威斯特伐利亚和约》(*Peace of Westphalia*) 后，西班牙将很多领土割让给法国，西班牙的黄金时代就此结束了，荷兰的时代开启了。

　　早在 13 世纪，尼德兰地区的纺织品贸易就已经十分发达。1506 年，卡洛斯一世继承了勃艮第公爵的爵位，成了尼德兰的统治者，尼德兰由此成为西班牙的重要经济引擎。西班牙对于尼德兰的压榨引起了反抗。北方六省组成乌特勒支联盟，其中荷兰的实力最强。1581 年，尼德兰宣布脱离西班牙，成立尼德兰联省共和国，也称荷兰共和国，选举奥兰治亲王执政。经过与西班牙艰苦的斗争，荷兰走上了海外发展之路，阿姆斯特丹成为世界贸易的中心。1656 年，荷兰派遣使团来到中国，当时的清政府要求使团向顺治皇帝行三跪九叩的大礼，荷兰人爽快地答应了。荷兰使团中有人记载："我们没有必要为了所谓的尊严而放弃巨大的利益。"对于荷兰人而言，通商带来的重大利益更具诱惑力。

　　荷兰地处低地，海外贸易和渔业是国家经济的基础。为了进一步发展对外贸易，荷兰成立了东印度公司。东印度公司实行股份制，公司的创始者凭借超强的人脉关系和游说能力，成功地说服了政府高层官员入股。政府高层官员第一次投资就获得了 400% 的利润，这吸引了大量普通民众，他们想尽一切办法入股。随后，世界上第一家股权交易所——阿姆斯特丹证券交易所诞生了。荷兰东印度公司以这样的融资方式促进了资本力量的发展，阿姆斯特丹成为资本发展的温床。来到阿姆斯特丹从事股票交易的不仅有荷兰人，还有来自欧洲各地的富商与投资者。投资者通过购入和出售股票赚取差价，荷兰政府和阿姆斯特丹证券交易所通过收取低价税金获利，荷兰国库很快充盈起来。

　　随着经济实力的上升，荷兰开始向亚洲扩张。荷兰先是占领了巴达维亚，之后又开始向中国和日本扩张势力，并逐渐将葡萄牙势力驱逐出了印度洋贸易。但好景不长，荷兰与昔日的盟友英国很快产生了矛盾。

英国地处西欧边缘地带，土地贫瘠，内部也经常发生战乱。西班牙人开辟新航线大大刺激了英国人，英国人开始着力发展海上力量。亨利七世曾派遣探险队前往美洲，到达过纽芬兰、弗吉尼亚和南美的圭亚那。亨利八世时，英国扩建海军，海军舰船数量由最初的 6 艘扩大到 58 艘。与葡萄牙、西班牙不同，英国的探险活动基本上属于纯粹的探险活动，英国始终未能在新发现的领地上建立殖民据点，也未能获取资源财富。

伊丽莎白一世统治时期是英国海上力量崛起的重要时期。伊丽莎白继任王位时，英国的海上力量尚弱。1559 年的一份报告显示，当时英格兰能够出海作战的战舰数量只有 34 艘，大型船只的数量十分有限。英国人对西班牙在大西洋贸易中所获利润十分垂涎，为了充实国库、积累财富，伊丽莎白一世开始支持海盗对来往于大西洋的商船进行劫掠，皇室给海盗船颁发私掠许可证，鼓励他们劫掠商船，抢劫所得部分上缴国库，其余由海盗分配。伊丽莎白一世的这一政策不仅充实了国库，而且削弱了西班牙的力量，可谓一举两得。1585 年至 1604 年，英国每年都有一两百艘武装船只散布在大西洋和加勒比海，他们的目标就是劫掠西班牙商船，很多御用海盗如约翰·霍金斯（John Hawkins）等靠着劫掠富甲一方。

伊丽莎白一世支持海盗的行为遭到西班牙的抗议，她通过谈判、搪塞甚至欺骗，竭尽所能地避免与西班牙发生正面冲突。但随着时间的推移，西班牙政府对英国鼓励海盗劫掠的政策日益不满。西班牙组织起无敌舰队，计划攻取英格兰。1588 年 8 月 7 日，英国舰船借助有利风向重创无敌舰队，无敌舰队在败退过程中又遇到风暴，船队折损大半。英国军队试图乘胜追击，将西班牙舰队一举歼灭，但西班牙海军实力尚存，英国未能取得胜利，反而失败。

荷兰崛起后，荷兰商人在世界各地排斥英国商人，引起了英国政府的不满。随着两国矛盾的加深，战争爆发了。从 1652 年至 1672 年，英荷进行了三次战争，虽然荷兰赢得了两次胜利，但荷兰缺乏战略纵深，过度依赖海外贸易，加之卷入欧陆争霸的漩涡中，于是荷兰不得不放弃海洋霸权。1674 年英荷签订了《威斯敏斯特和约》(*Treaty of Westminster*)，荷兰将新阿姆斯特丹割让给英国，就此退出了北美大陆，属于英国的海洋时代开始了。

18 世纪中期以后，英国又击败法国，在全球确立起了霸权地位。尽管英国取得了对法作战的胜利，但持久的战争使得英国国内债务持续增加，为了应付巨大的支出，英国开始向北美殖民地增收税费。北美殖民地的人民不满于英国政府的压榨，掀起独立运动，经过 8 年持续抗争，北美殖民地赢得了独立，成立了美利坚合众国。

虽然北美殖民地独立给英国带来沉重打击，但英国的国力尚存。到了 19 世纪初，英国建立起本土及其治下的自治领、殖民地、领地、托管地和保护国共同构成的大帝国，人口数量达到四五亿，占当时世界人口的 1/4；领土面积约 3 367 万平方千米，占到了世界陆地总面积的 1/4，是有史以来领土面积最大的殖民帝国，被称为"日不落帝国"。英国人向海外拓殖的目标依然是寻求利润。英国人约翰·劳尔（John Lowe）在《英国与英国外交（1815—1885）》中评述工业革命前的英国海外贸易时说："早在工业革命之前，英国就与其美洲殖民地、西印度群岛、西非、印度以及欧洲有着贸易往来。规范这一贸易的目的在于创造贸易超额利润，财富是英国的真正资源，它依赖该国的商业。"

此时，在英国控制印度后，东方的中国成为英国扩张的对象。英国登上海外殖民霸主之位后，几乎垄断了西方对华海上贸易。英国国王承认："在过去相当长的时期内，英国臣民从事中国贸易的人数，比欧洲人和其他国家都要多。"对华茶叶贸易给英国政府带来了高额的税收，充实了英国国库。

尽管东印度公司通过对华贸易给英国政府带来了丰厚的税收，带动了英国经济的发展，但英国国内对对华贸易的批评一直不断。原因是在中英贸易过程中，中国处于入超地位，英国处于出超地位，英国的白银大量流入中国，英国每年都要向中国输入大量的金银抵充贸易差额。为了扭转对华贸易逆差，英国开始向中国输入鸦片，以鸦片贸易的利润来弥补双边贸易差额。鸦片贸易使得中英矛盾持续升级，最终引发了鸦片战争，清政府战败，中国开始沦为半殖民地半封建社会。

19 世纪后半叶，欧洲列强对殖民地和资源的争夺日趋激烈，最终导致了两次世界大战。世界大战的残酷性和毁灭性使人类开始反思，重新审视政治、经济、军事和战争等问题，并得出结论：必须克制欲望，构建规则。1945 年，50 个国家签署了《联合国宪章》，《联合国宪章》序言中提出，"力行容恕，彼此以善邻之道，和睦相处"，这实际上就是要求各国按照规则行事，不能以一己之私随意发动战争。

第二次世界大战结束后，东西方分为两个阵营。双方都希望能够独霸世界，但双方势均力敌，使得战后数十年，世界总体上保持了稳定。冷战结束后，世界一体化进程加快，但随着新兴国家的崛起，新的矛盾也不断涌现，世界又进入了新的航程。

改造世界是技术探索的永恒欲求

科学技术是第一生产力，放眼古今中外，人类社会的发展进步都离不开科技的发展。自文艺复兴以来，人类社会的科学技术水平不断发展。至今人类已经历了三次科技革命，第四次科技革命正在进行中。

第一次科技革命又名工业革命，其最大的特点是，机器代替了人力，促使工业生产代替了个体工场手工生产，引发了生产力和生产关系的巨大变革。在第一次科技革命中起到关键作用的人物是瓦特。瓦特自小体弱多病，家境一般，但他自幼聪明伶俐、勤奋好学。他在前人发明的基础上，不断改进蒸汽机，最终实现了梦想。在他去世前不久，人们建议授予他贵族称号，但被他拒绝了。他始终钟情于富有创造性的工作，他的创造精神、超人的才能和不懈的钻研为后人留下了宝贵的精神和物质财富。

第二次科技革命是电力革命，以电机的发明和电力的应用为标志。新兴的电能给人们的生产生活带来了新的方式，带动了一系列新技术的出现。电力革命的标志性人物有英国物理学家拉法第、直流发电机发明者西门子、汽车发明者卡尔·本茨（Karl Benz）、电报发明者莫尔斯、电话发明者贝尔等。他们中有很多人执着于发明创造，始终怀有一颗好奇心，有着探索未知世界的精神和情怀，经过不懈的努力，终于取得了成就。

第三次科技革命是以原子能、电子计算机和空间技术的发展为主要标志。它以信息科学、生命科学、材料科学的发展为前提，以计算机技术、生物工程技术、激光技术、空间技术、新能源技术和新材料技术的应用为特征，把人类社会推进到"信息时代"。第三次科技革命的代表性人物有物理学家爱因斯坦、电子计算机发明者冯·诺依曼，集成电路发明者杰克·基尔比（Jack Kilby）等。

当前，第三次科技革命正在向纵深、更高层次发展。同时，第四次科技革命已悄然发轫，它以互联网产业化、工业智能化等为标志，具体包括互联网、物联网、大数据、云计算、智能化、传感技术、机器人、虚拟现实等科技进步，比前三次科技革命有着更加广泛和深刻的影响与意义。

科技使得人类社会的联系越发紧密，每一项新技术的诞生都反映出人类在不断前进。科技的进步离不开科学家和那些为技术进步而奋斗的人。

Navigating the
New Era of
Discovery

第 14 章

勇气: 新大航海时代的制胜之要

霍华德·洛夫克拉夫特（Howard Lovecraft）说："人类最古老而强烈的情绪，便是恐惧，而最古老、最强烈的恐惧，便是对未知的恐惧。"在古代，航海是一项非常危险的活动，需要莫大的勇气才能克服种种恐惧。在中国沿海海域，分布有大量沉没的各代商船，这一方面展现出古代中国海外贸易的繁荣，另一方面也展现出航海的危险性。

踏浪前行，追寻无限可能

公元 2 世纪的托勒密在其《地理志》中描述了马尼奥莱群岛危险的地形结构。他在书中写道："一共存在 10 个相互毗连的岛屿，统称为马尼奥莱群岛，装有铁钉的船只都被岛屿吸住，无法前行，也许是由于岛屿中出产大磁石的缘故，所以那里的人们要在滑道中造船。这些岛屿中居住着一些被称为马尼奥莱人的食人生番。"

中国三国时期的《南州异物志》中对南海诸岛有所记录："涨海崎头，水浅而多磁石。外徼人乘大舶，皆以铁鍱鍱之。至此关，以磁石不得过。"也就是说，南海诸岛充满了磁石，是危险的航行区域。

曾驰骋于印度洋上，来往于东西方做生意的阿拉伯人自古也畏惧大海。哈里发奥麦尔曾就攻打塞浦路斯向手下一位将军征求意见。这位将军说："大海一望无际，大船在海上只是一个小点，茫茫然只见头上的苍穹和底下的海水。大海沉默时，水手们心情沮丧；大海咆哮时，人们晕头转向。不要信赖大海，要敬而远之。人类在海上犹如木片上的小虫一样，时而被吞噬，时而吓得魂灵出窍。"但是，阿拉伯人并未被大海吓倒，依然有很多人为了寻求财富、实现抱负，走向大海。

同样，哥伦布在首次远航中也遇到了很大的问题。哥伦布进入大西洋后，发觉随着航行时间的推移，船员们情绪开始有些不稳定，充满了恐惧和不安。哥伦布只好编造谎话，瞒报实际走过的路程，告知船员他们并未离开欧洲大陆多远。在到达马尾藻海的时候，船员发现了大量海鸟，以为抵达了陆地，但很快发现前方只是被绿色藻类覆盖的海域，并非陆地，加之海风突起，船员的情绪非常恐慌，直到航行两个月以后，他们才发现了陆地。

麦哲伦船队经历了更为残酷的考验。船队在经过 5 个月的航行后，抵达巴西圣胡安港，时值隆冬，由于缺衣少食，船员发生暴动。3 名船长联合起来反抗麦哲伦，麦哲伦只好设计将 3 人杀死，才平定了暴乱。后来，麦哲伦被菲律宾土著击杀，船队继续航行，历经波折，终于完成了环球航行。船队出发时，共有 265 人，最后只有 18 人回到了西班牙。

大航海时代的勇气体现在不惧失败

与西方不同，明清时期，中国向海外发展的步伐大大迟滞了。明朝政府多次实行海禁政策。明洪武四年（1371 年），明朝政府颁布禁令，"禁濒海民不得私出海"；明洪武七年（1374 年），"罢泉州、明州、广州三市舶司"；明洪武十四年（1381 年），"禁濒海民私通海外诸国"；明洪武二十七年（1394 年）正月，"禁民间用番香番货"。尽管明成祖朱棣在位期间，曾派遣郑和下西洋，但明成祖死后，明朝政府又不断下令，禁止中国人出海。直到明中叶，明朝政府出现财政危机以后，海禁政策才有所缓解。

清政府也屡次颁布禁令，禁止民间海外通商。顺治和康熙时期，清政府多次下迁海令，强迫山东至广东沿海居民内迁，并禁止商船渔舟片帆出海。收复台湾后，康熙帝曾下令，允许云山（今江苏连云港）、宁波、漳州、澳门设置海关，从事对外贸易。雍正时期，一度"开闽省洋禁"，允许浙江"一体贸易"。但好景不长，清乾隆二十二年（1757 年），关闭江浙闽三海关，限制外商只准在粤海关一口贸易。由于受到清政府海禁政策的影响，中国与周边国家的贸易往来频率有所下降。以中国与吕宋贸易为例，1581 年至 1590 年，中国赴吕宋进行贸易的船只数量为102 艘，1601 年至 1610 年增加至 290 艘，1631 年至 1640 年达到高峰，为 325 艘。康熙时期实施海禁政策的 1671 年至 1680 年，中国前往吕宋贸易的船只数量骤然降至 49 艘。

　　明清海禁政策的主要目的是有效管控中外交往，维护自身安全，但实际上非但没有起到保卫国家的作用，反而使得中国越发落后。封建统治者没有勇气去迎接新的挑战，从结果上看使得中华民族遇到了前所未有的危机。

　　事实上，中国与周边国家之间的民间贸易需求是十分旺盛的。如在中国与安南之间的私贸互动中，中国边民"带私货越隘口到彼贸易，牟利甚多"。清政府边贸、外贸政策的不稳固性直接催生了民间走私贸易。例如，清政府和朝鲜政府多次禁止沿海居民彼此往来和自由通商，惩罚措施非常严厉，重犯一律死罪，使得中朝民间商人的发展受到很大制约，但中朝民间私贸依然存在。朝鲜政府曾多次将到朝鲜西海岸一带经商的中国人遣返回中国，仅《备边司誊录》中就记录了 17 世纪至 19 世纪 48 件所谓"中国漂流民"事件。

　　中国与安南之间海路私贸交易额越来越大，所获利润越来越多，以致广东、广西沿海一些官员都加入进来，甚至铤而走险，以维修战船为名，将战船交给亲属或租赁给商人，前往安南从事走私贸易。乾隆帝对此十分恼怒，他在谕旨中指出：

　　　　东南沿海一带如山东、江南、浙江、福建、广东、广西等省俱设有战船，以为海防之备。今承平日久，官弁渐觉疏忽。朕闻船只数目竟有报部之虚名。而十分之中不无缺少二三者。至于大修、小修之时，每因船数太多，难以查核。该防营弁及州县官员通同作弊，将所领帑银侵蚀入己。报修十只其实不过七八只，而又涂饰颜色以为美观，仍不坚固。且更有不肖官员，令子弟、亲属载贩外省；或赁与商人，前往安南、日本贸易取利者。以朕所闻如此，虽未必各省皆然，然亦难保必无其事，可传谕该督、抚、提、镇等：嗣后严行稽查，加意整顿；务令诸弊尽绝，以重海防。倘将来再有风闻，经朕遣大臣前往查出，则虚冒废弛之咎，惟于该管之大臣是问。

新大航海时代观

Navigating
the New Era of
Discovery

中国与周边国家贸易需求旺盛最主要的动力源泉是民间对相互贸易的内生性需求。由于缺乏详细的史料记载，难以估算中国与周边国家民间贸易（包括走私）的数额、规模。但就贸易物品的种类来看，与官方贸易相比，民间贸易交易的货物大多属于日常生活所需的物资，消费基数多、需求量大、有持续发展的空间。换句话说，民间私人贸易更符合市场经济的发展规律。这也是尽管封建统治者采取了各种限制自由贸易的措施，但中国与周边国家民间私人贸易从未中断过的根本原因。

明清时期，封建统治者视中国普通百姓向海外移民是一种叛逆行为。清初，由于东南亚华侨直接参与了中国沿海的抗清斗争，清政府严厉禁止普通民众私自从事海上贸易，更严禁民众与华侨接触。尽管清政府制定了各种措施来限制普通百姓出入境，但仍然不能完全阻止中国人出境移民。乾隆年间，两广总督策奏报乾隆帝，称："粤西南境，地接交夷，土苗错处，各边封禁隘口，时有夷匪汉奸，潜出窜入，屡经设法查禁，而奸民出入如故。盖因商民出口贸易，并佣工觅食，俱乐隘口出入近便。又多娶有番妇，留恋往来，是以偷渡不能禁止。"乾隆帝也叹道："私越外境者，不能保其必无，不可不加意防闲，以杜奸弊。"关于清代中叶移民出境人数，现在难以统计，但能从一些史料看出，数量应该是十分惊人的。著名西方传教士郭士立夫人在给友人的一封信中，对居住在暹罗首都的中国人的情况有所描述，她在信中提到，在一场火灾中，有大量中国人居住的房屋被焚毁。她写道："半夜，被噪声吵醒，来到窗口，向外望去，整个曼谷好像都在燃烧。"

实际上，大航海时代的勇气还体现在不惧失败。人类对世界的探索充满了不确定性，在航海过程中总是充满了危机和挫折。例如 1707 年，一只英国舰队由于海图标注有误，在锡利群岛附近触礁，全军死亡。1740 年 9 月，英国海军将领乔治·安森（George Anson）在环球航行时，很多船员先后感染伤寒和患上坏血病，船员损失了一千多人，其中将近一千人死于坏血病，而真正死于作战的人员不到 10 人。安森因此饱受诟病，但他并未气馁，而是继续自己的事业，他参加奥地利王位继承战争和七年战争，表现突出，曾两度出任英国海军大臣，并对英国海军实行了一系列重要改革，包括创建常备海军陆战队等。

在很多情况下，失败往往是成功之母。在研发杂交水稻的过程中，袁隆平经历了无数次的失败和挫折，但他从未放弃。他始终坚信科学的力量，拼尽毕生精力，找到了解决粮食短缺的有效途径，用农业科技战胜了饥饿。史蒂夫·乔布斯和斯蒂夫·沃兹尼亚克（Steve Wozniak）曾倾尽所有，终于制造出苹果电脑。马斯克也说："失败是一种选择。如果事情没有失败，那就是你的创新还不够。"

在新的时期，世界处于大变革时代，需要勇于面对各种困难，在探索中前行。

着眼未来，贡献中国力量

新航路开辟、大航海时代开启，带来了东西方文化、贸易交流的增加，同时，香料等植物的传播与交流也使得欧洲实力飞速发展，为超过亚洲的繁荣奠定了经济基础。

西方文艺复兴与大航海时代在时间上也基本重合，文艺复兴激发的探索精神为大航海活动提供了精神支持；同时，大航海活动带来的海外贸易与殖民扩张也为文化的发展提供了原始积累与物质基础。

经过大航海时代的物质、制度、思想积累，工业革命、科技革命接连爆发，陆续为人类开启了蒸汽时代、电气时代和信息时代。

大航海时代极大拓展了人类对于整个世界的认知方式和范围，也带来了世界权力的大转移。而在 21 世纪的当下，文化、科技、能源等人类文明的要素都在发生深刻变革，无疑为我们开启了新大航海时代。

作者曾在"ChatGPT 引领的深刻变革与未来展望"研讨会上提出："这是一个全新的大航海时代，这是一个令人憧憬的时代，确定性与不确定性都将存在。"**我们应该被那"不确定性"绑缚双脚吗？答案显然是"不应该"，破即是立，适当的想象力与前瞻的思考力比保证"确定"更为重要。**

大航海时代探险家描绘的世界地图，在今天来看错误百出，不准确的比例与天真的想象几乎变成了笑柄。但如果少了这些"笑柄"，那些伟大的探险家就不可能发现新大陆。更美好、更准确的人类地图将如何绘制？是时候在此时勇敢、坚定地迈出"探险"之步了。

回首往事，思绪万千，历历在目。成就已是过往，我们仍需着眼未来。今后，我们还将进一步推动科技探索与智慧共享的交流与合作，为人类进步、社会发展贡献中国智慧！

未来，属于终身学习者

我们正在亲历前所未有的变革——互联网改变了信息传递的方式，指数级技术快速发展并颠覆商业世界，人工智能正在侵占越来越多的人类领地。

面对这些变化，我们需要问自己：未来需要什么样的人才？

答案是，成为终身学习者。终身学习意味着永不停歇地追求全面的知识结构、强大的逻辑思考能力和敏锐的感知力。这是一种能够在不断变化中随时重建、更新认知体系的能力。阅读，无疑是帮助我们提高这种能力的最佳途径。

在充满不确定性的时代，答案并不总是简单地出现在书本之中。"读万卷书"不仅要亲自阅读、广泛阅读，也需要我们深入探索好书的内部世界，让知识不再局限于书本之中。

湛庐阅读 App: 与最聪明的人共同进化

我们现在推出全新的湛庐阅读 App，它将成为您在书本之外，践行终身学习的场所。

- 不用考虑"读什么"。这里汇集了湛庐所有纸质书、电子书、有声书和各种阅读服务。
- 可以学习"怎么读"。我们提供包括课程、精读班和讲书在内的全方位阅读解决方案。
- 谁来领读？您能最先了解到作者、译者、专家等大咖的前沿洞见，他们是高质量思想的源泉。
- 与谁共读？您将加入优秀的读者和终身学习者的行列，他们对阅读和学习具有持久的热情和源源不断的动力。

在湛庐阅读 App 首页，编辑为您精选了经典书目和优质音视频内容，每天早、中、晚更新，满足您不间断的阅读需求。

【特别专题】【主题书单】【人物特写】等原创专栏，提供专业、深度的解读和选书参考，回应社会议题，是您了解湛庐近千位重要作者思想的独家渠道。

在每本图书的详情页，您将通过深度导读栏目【专家视点】【深度访谈】和【书评】读懂、读透一本好书。

通过这个不设限的学习平台，您在任何时间、任何地点都能获得有价值的思想，并通过阅读实现终身学习。我们邀您共建一个与最聪明的人共同进化的社区，使其成为先进思想交汇的聚集地，这正是我们的使命和价值所在。

CHEERS

湛庐阅读 App
使用指南

读什么
· 纸质书
· 电子书
· 有声书

与谁共读
· 主题书单
· 特别专题
· 人物特写
· 日更专栏
· 编辑推荐

怎么读
· 课程
· 精读班
· 讲书
· 测一测
· 参考文献
· 图片资料

谁来领读
· 专家视点
· 深度访谈
· 书评
· 精彩视频

HERE COMES EVERYBODY

下载湛庐阅读 App
一站获取阅读服务